云南建设学校
国家中职示范校建设成果

国家中职示范校建设成果系列实训教材

建筑识图与构造实训手册

黄　洁　主编

赵桂兰　主审

中国建筑工业出版社

图书在版编目（CIP）数据

建筑识图与构造实训手册/黄洁主编. —北京：中国建筑
工业出版社，2014.11（2022.7 重印）
国家中职示范校建设成果系列实训教材
ISBN 978-7-112-17003-6

Ⅰ. ①建… Ⅱ. ①黄… Ⅲ. ①建筑制图-识别-中等专业
学校-教材②建筑构造-中等专业学校-教材　Ⅳ. ①TU2

中国版本图书馆 CIP 数据核字（2015）第 285617 号

云南建设学校国家中职示范校建设成果
国家中职示范校建设成果系列实训教材

建筑识图与构造实训手册
黄　洁　主编　赵桂兰　主审

*

中国建筑工业出版社出版、发行（北京西郊百万庄）
各地新华书店、建筑书店经销
北京红光制版公司制版
天津翔远印刷有限公司印刷

*

开本：787×1092 毫米　横 1/16　印张：6½　字数：154 千字
2016 年 5 月第一版　　2022 年 7 月第五次印刷
定价：**18.00** 元
ISBN 978-7-112-17003-6
（25836）

本书是以《建筑工程实例图册》（中国建筑工业出版社出版，黄洁主编）的两套施工图为例编写的建筑识图与构造实训手册。本书主要包括建筑识图与构造实训须知、某砌体结构土建施工图识读与绘制、某框架结构土建施工图识读与绘制等3个模块。

本书可作为土建类中职学校建筑识图与构造实训教材，也可供建筑企业职工岗位培训参考。

＊　　＊　　＊

责任编辑：聂　伟　陈　桦
责任设计：李志立
责任校对：陈晶晶　刘梦然

序　　言

　　提升中等职业教育人才培养质量，需要大力推动专业设置与产业需求、课程内容与职业标准、教学过程与生产过程"三对接"，积极推进学历证书和职业资格证书"双证书"制度，做到学以致用。

　　实现教学过程与生产过程的对接，全面提高学生素质、培养学生创新能力和实践能力，需要构造体现以教师为主导、以学生为主体、以实践为主线的中等职业教育现代教学方法体系。这就要求中等职业教育要从培养目标出发，运用理实一体化、目标教学法、行为导向法等教学方法，培养应用型、技能型人才。

　　但我国职业教育改革进程刚刚起步，以中等职业教育代教学方法体系编写的教材较少，特别是体现理实一体化教学特点的实训教材非常缺乏，不能满足中等职业学校课程体系改革的要求。为了推动中等职业学校建筑类专业教学改革，作为国家中等职业教育改革发展示范学校的云南建设学校组织编写了《国家中职示范校建设成果系列实训教材》。

　　本套教材借鉴了国内外职业教育改革经验，注重学生实践动手能力的培养，涵盖了建筑类专业的主要专业核心课程和专业方向课程。本套教材按照住房和城乡建设部中等职业教育专业指导委员会最新专业教学标准和现行国家规范，以项目教学法为主要教学思路编写，并配有大量工程实例及分析，可作为全国中等职业教育建筑类专业教学改革的借鉴和参考。

　　由于时间仓促，水平和能力有限，本套教材肯定还存在许多不足之处，恳请广大读者批评指正。

《国家中职示范校建设成果系列实训教材》编审委员会

2014 年 5 月

前　言

对于土建类中职学生来说，熟练掌握识读与绘制建筑工程图具有重要意义。随着社会的发展，各工作岗位对中职学生动手能力的要求越来越高。中等职业学校以就业为导向，以能力为本位的办学理念已经在专业课程教学中逐步贯彻和执行，故应更加重视实践环节。

本书是以《建筑工程实例图册》（中国建筑工业出版社出版，黄洁主编）的两套施工图为例编写的建筑识图与构造实训手册。本书可作为土建类中职学生专业学习时的辅助资料，能使学生掌握识读和绘制建筑工程图的方法和技能，理解房屋建筑常见的构造做法，让学生理论联系实际，达到学中做、做中学、做中教的目的。

本书由云南建设学校专业教学部专业课教师编写，由黄洁任主编，具体分工为：黄洁负责模块1、模块2项目2.3及模块3项目3.3的编写，沈建萍负责模块2项目2.1的编写，秦庆秀负责模块3项目3.1的编制，史月英负责模块2项目2.2、模块3项目3.2及附录的编写。黄洁负责全书的校对。全书由赵桂兰主审。

本书可作为土建类中职学校建筑识图与构造实训教材，也可供建筑企业职工岗位培训参考。

由于编者水平有限，本书在编写过程中难免存在疏漏和不妥之处，恳请读者批评指正。

目　录

模块1　建筑识图与构造实训须知

1.1　实训的意义及目的

1.1.1　实训意义

"建筑识图与构造"是中等职业学校土建类专业实践性很强的专业基础课程。通过学习该课程,使学生掌握建筑工程图的读图方法,了解建筑构造的构造原理和构造方法,了解国家建筑构造标准图集的构成、识读方法、使用方法,正确理解工程图的设计意图。在教学中,理论教学的内容以够用为度,特别是要加强建筑识图与构造实训,使学生能读懂一般的建筑施工图和结构施工图,对建筑构造、建筑设计及施工等专业知识有初步认识,提高学生专业学习兴趣,拓宽知识面,为今后学习专业课储备一定的感性认识,保证学生毕业后能"零"距离上岗。

1.1.2　实训目的

实训是课堂所学理论知识技能的综合应用。通过实训需达到以下目的:
1. 巩固学生所学的基本知识;
2. 掌握绘图工具的正确使用;
3. 培养学生的阅读和绘制工程图样的能力,并通过绘图掌握房屋各部位的构造;
4. 培养学生一丝不苟、认真负责的敬业精神,提高学生专业学习兴趣,为毕业后工作做好准备。

1.2 实训需准备的制图工具及用品

（1）图板：A2 图板一块。

（2）一字尺：用于画水平线。

（3）丁字尺：用于画水平线。

丁字尺与三角板的使用方法如图 1-1 所示。

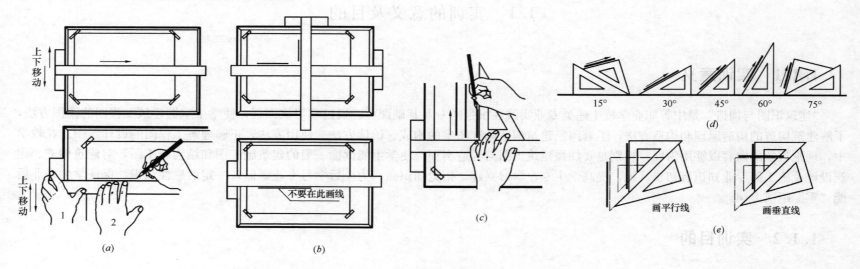

图 1-1　丁字尺与三角板的使用方法

（a）正确的用法；（b）错误的用法；（c）用三角板配合丁字尺画铅垂线；（d）三角板与丁字尺配合画各种角度斜线；（e）画任意直线的平行线和垂直线

1）用丁字尺配合三角板画铅垂线，如图 1-1（c）所示。

2）三角板与丁字尺画各种斜线，如图 1-1（d）所示。

3）两个三角板配合画任意直线的平行线或垂直线，如图 1-1（e）所示。

（4）比例尺。

（5）绘图墨水笔：0.2 或 0.3、0.5 或 0.6、0.9 或 1.0 的笔各 1 支（分别用来对粗、中、细线加深上墨）。

（6）圆规或分规。

（7）建筑模板。

（8）绘图纸。

（9）绘图铅笔：H、B、HB 铅笔各一支（H 表示硬芯铅笔，用于画底稿；B 表示软芯铅笔，用于加深图线的色泽用；HB 表示中等软硬铅笔，用于注写文字及加深图线等）。

（10）其他制图用品：绘图墨水、擦图片、橡皮、砂纸、排笔等。

1.3　识读与绘制建筑工程图前的知识准备及训练

1.3.1　掌握制图基本知识

1. 请按 1：1 的比例在右侧空白处抄绘下列图线，要求线型、线宽正确。

粗实线

中粗实线

中实线

细实线

粗虚线

中粗虚线

中虚线

细虚线

粗单点长画线

中单点长画线

细单点长画线

粗双点长画线

中双点长画线

细双点长画线

折断线

波浪线

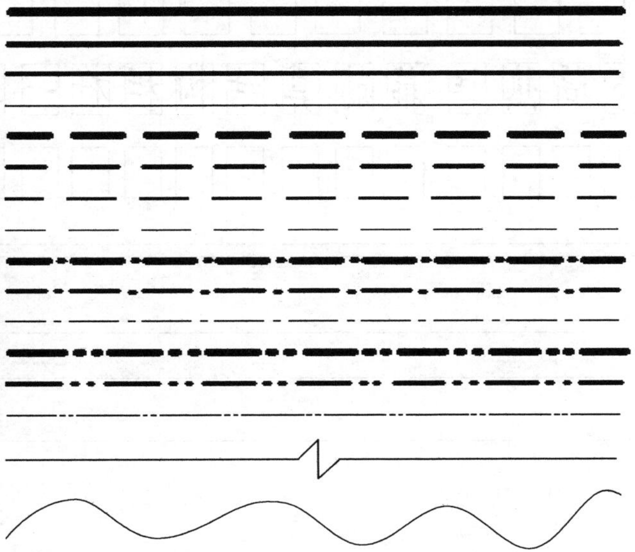

2. 工程字体练习

土木建工程平面图立剖筑设计结构城规划技术预算

建筑钢筋施工标高楼梯阳台雨水管城市道路规划泥砂浆石

水泥砂浆卫生间客厅厨散房防火上下隔热详箍筋算结构栏杆一二三四五

ABCDEFGHKLMNP

0123456789I II IIIIV V

3. 用铅笔在 A3 图纸上按 1：2 的比例抄绘下列图样，要求线型正确、粗细线分明、交接正确、尺寸按标准标注。

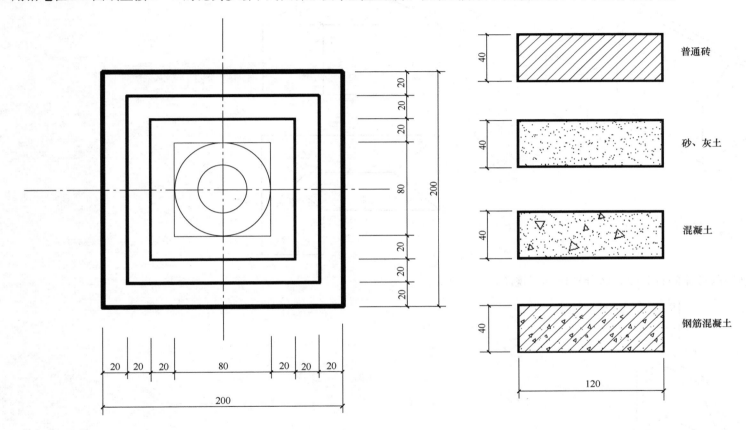

1.3.2 三面正投影图的原理及作图方法

1. 已知房屋模型的直观图、平面图、正立面图，作左侧立面图。

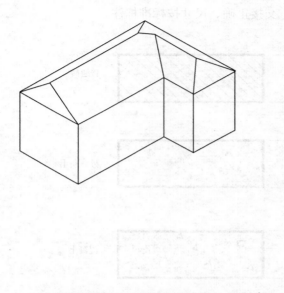

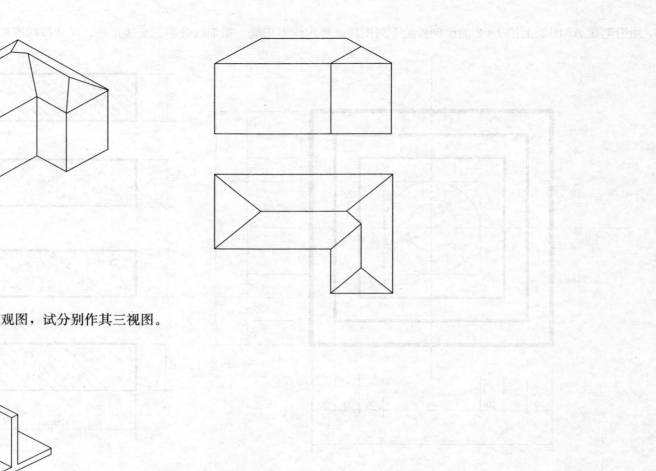

2. 已知两形体的直观图，试分别作其三视图。

(1)

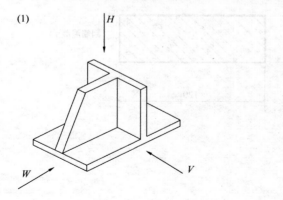

(2)

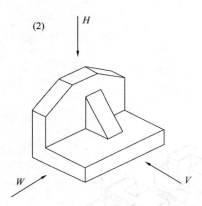

3. 已知房屋模型的平面图和正立面图，作左侧立面图。

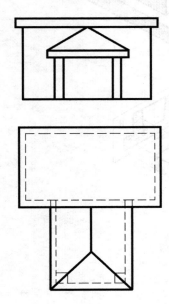

1.3.3 剖面图与断面图的作图训练

1. 已知形体的三视图和剖切示意图，作 1-1 剖面图和 2-2 剖面图。

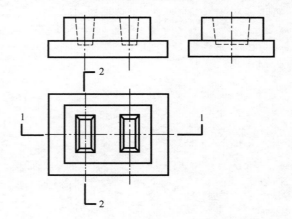

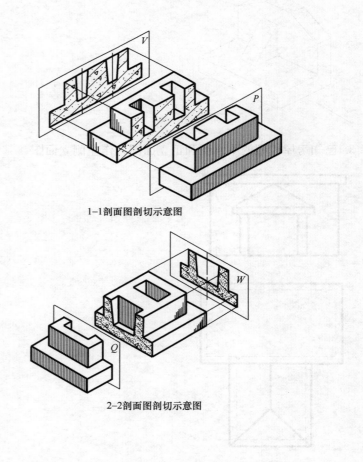

1-1剖面图剖切示意图

2-2剖面图剖切示意图

2. 已知房屋模型的两面投影图和剖切直观示意图，作 1-1 剖面图。

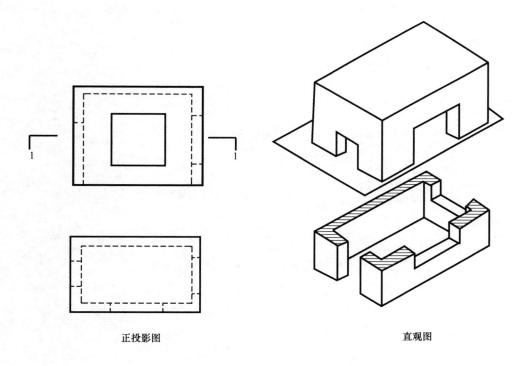

正投影图   直观图

3. 根据柱子的两视图，画出 1-1、2-2、3-3 断面图（材料：钢筋混凝土）。

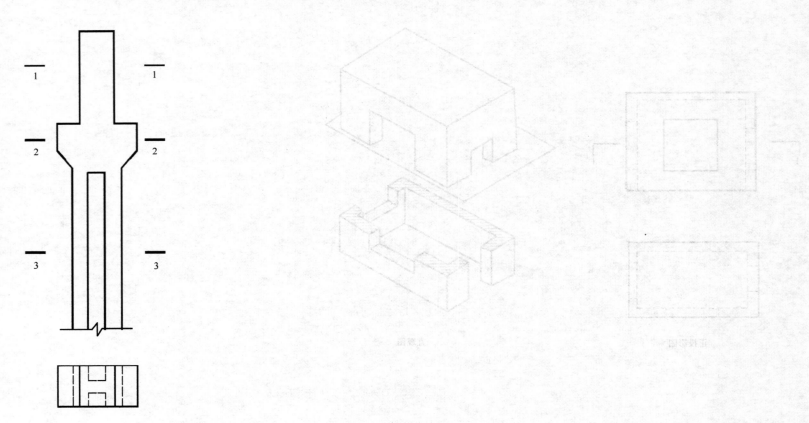

1.3.4 施工图的产生及分类

1. 施工图的产生

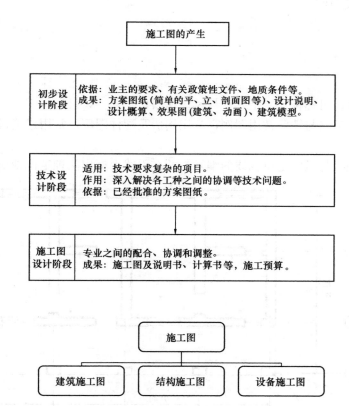

2. 施工图的分类

3. 请写出建筑施工图、结构施工图所包括的图纸内容。

1.3.5 建筑施工图常用符号及图例

1. 要求掌握的建筑施工图常用符号及图例
（1）定位轴线；
（2）索引符号与详图符号；
（3）标高符号；
（4）引出线；
（5）其他符号：连接符号、折断符号、对称符号、指北针与风玫瑰图；
（6）常用图例符号：建筑总平面图、道路与铁路常用图例，常用构造及配件图例，常用建筑材料图例。
2. 训练
（1）试标出以下平面图中横向定位轴线与纵向定位轴线的编号，并在引线上标出两种定位轴线的名称。

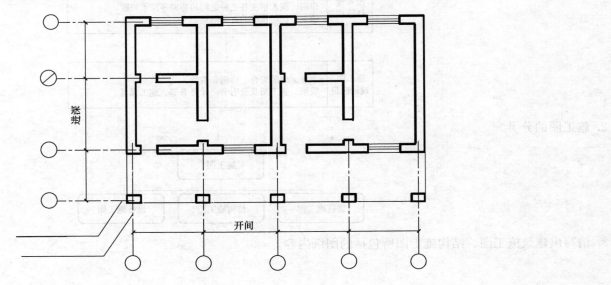

（2）试标出下列索引符号和详图符号中各编号所表达的含义。

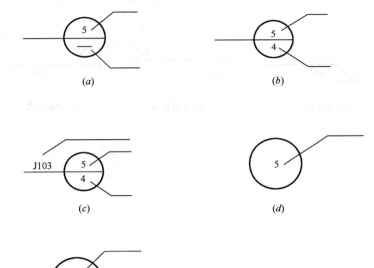

(a)   (b)

(c)   (d)

(e)

（3）请在空白处抄绘下列标高符号。

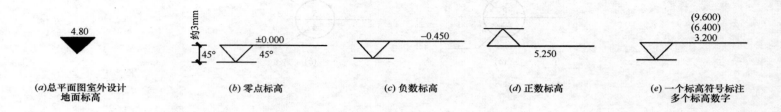

(a)总平面图室外设计　　　　　(b) 零点标高　　　　　(c) 负数标高　　　　　(d) 正数标高　　　　　(e) 一个标高符号标注
地面标高　　　　　　　　　　　　　　　　　　　　　　　　　　　　　　　　　　　　　　多个标高数字

（4）请在空白处抄绘下列对称符号。

(a)　　　　　　　　　　　　　　　　　　　　　　　　(b)

（5）请根据常用建筑材料名称，绘制各材料的断面图例。

序号	名称	图 例	序号	名称	图 例
1	自然土壤		7	混凝土	
2	夯实土壤		8	钢筋混凝土	
3	砂、灰土		9	木材	
4	石材		10	金属	
5	毛石		11	玻璃	
6	普通砖		12	防水材料	

（6）请根据常用建筑构配件的名称，绘制其标准图例。

序号	名称	图 例	序号	名称	图 例
1	两侧找坡的门口坡道		8	空门洞剖面	
2	台阶		9	检查口	
3	孔洞		10	坑槽	
4	有盖板地沟		11	单面开启单扇门立面	
5	单面开启单扇门平面		12	单面开启单扇门剖面	
6	单层外开平开窗立面		13	单层外开平开窗剖面	
7	单层外开平开窗平面		14	高窗平面	

（7）请根据《总平面图制图标准》中规定的标准图例，写出各常用图例的名称。

序号	图例	名称及说明
1	$X=$ $Y=$ ① 12F/2D $H=59.00$m	
2		
3		
4		
5		
6		
7		

序号	图例	名称及说明
8		
9		
10		
11	1. 2. 3.	
12		
13	151.00 (±0.00)	
14	143.00	
15		

続表

序号	图例	名称及说明
16		
17		
18		
19		
20		
21		
22		
23		

19

序号	图例	名称及说明
24	1. 2. 3.	
25		
26		
27		
28		

序号	图例	名称及说明
29		
30		
31		
32		
33		

1.3.6 房屋的构造组成

1. 一般房屋的构造组成包括_____、_____、_____、_____、_____和_____等6个部分。

2. 请分别写出房屋构造直观图中各细部构造的名称。

① _____

② _____

③ _____

④ _____

⑤ _____

⑥ _____

⑦ _____

⑧ _____

⑨ _____

⑩ _____

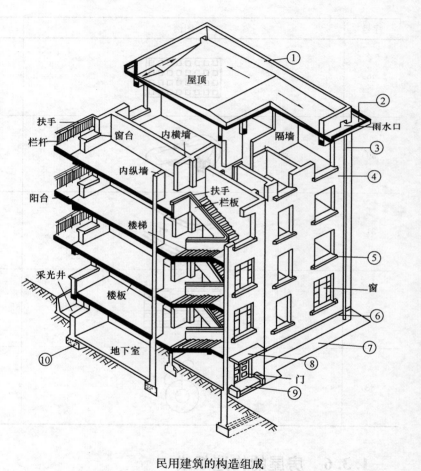

民用建筑的构造组成

1.3.7 建筑施工图的绘制方法、步骤

1. 绘制建筑平面图：请按（1）～（4）所示作图步骤，采用 1：100 的比例绘制建筑平面图。

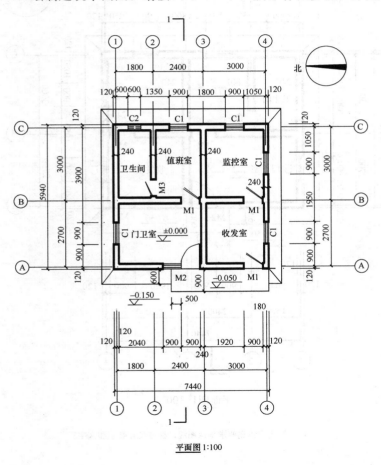

平面图1:100

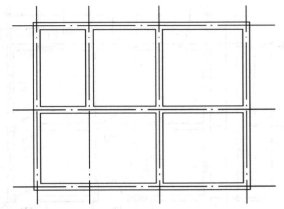

（1）绘制定位轴线。根据定位轴线与墙体边线的位置关系，绘制墙线。

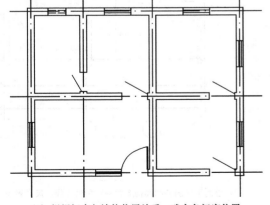

（2）根据门窗与墙体位置关系，确定各门窗位置。

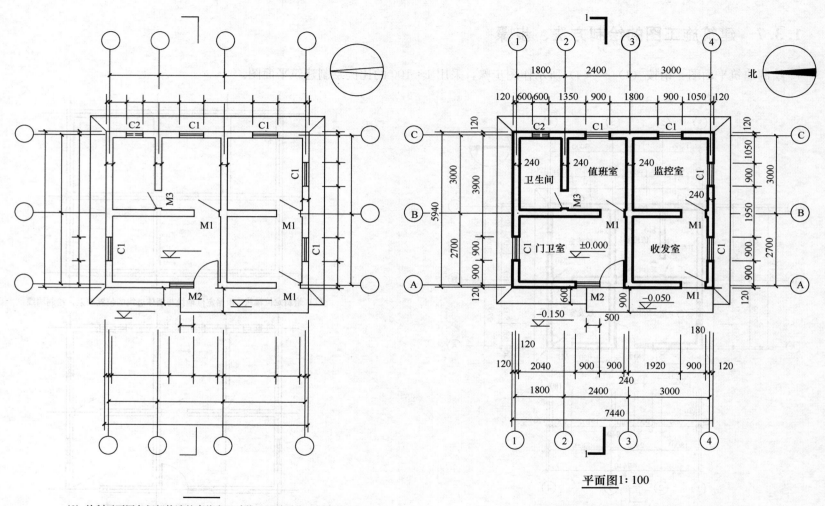

北

±0.000

值班室
监控室
卫生间
门卫室
收发室

M1
M2
M3
C1
C2

−0.150
−0.050
500

240
600
900
1800
1050
120

1800　2400　3000

120　600　600　1350　900　1800　900　1050　120

120　3000　3900　2700　120

5940

1050　900　1950　900

3000　2700

120　2040　900　900　1920　900　120
120　　　　　　240　　　　180

1800　2400　3000

7440

平面图1：100

（3）绘制平面图各细部构造轮廓线和尺寸线、尺寸界线、标高等。

（4）按线型线宽要求加深图线，标注尺寸数字和文字。

24

2. 绘制建筑立面图：请按"1. 绘制建筑平面图"中的建筑平面图，将以下立面图的尺寸和图名补充完整，并用 1：100 的比例抄绘。

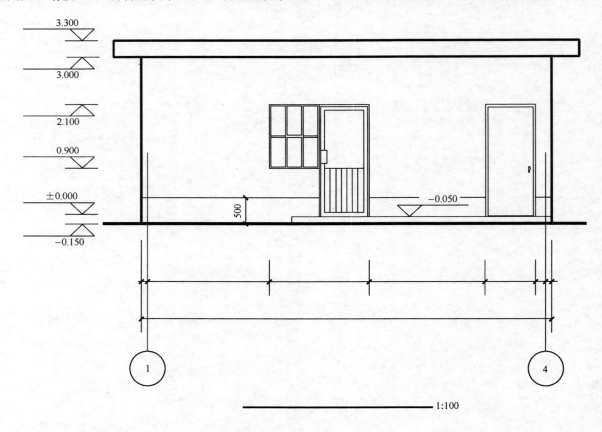

绘制：

3. 绘制建筑剖面图：请按建筑平面图与剖面图的关系，将1-1剖面图的尺寸补充完整，并用1：100的比例抄绘。

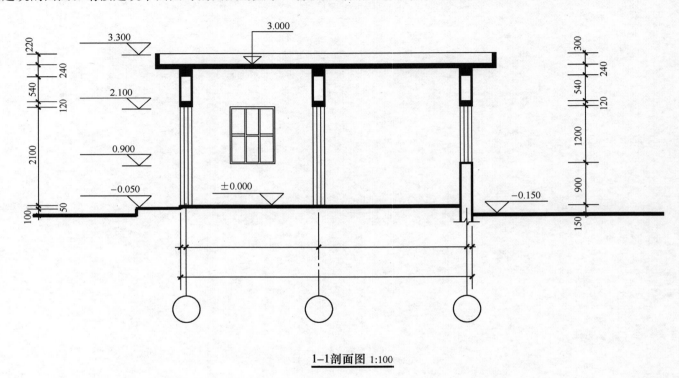

1-1剖面图 1:100

绘制：

4. 绘制建筑构造详图：查阅当地建筑标准设计通用图集，在室内地面和室外散水的构造做法中各选择一种，按适当比例，在以下空白处绘制，并用索引符号标注在第 1 题所绘制的建筑平面图上。

1.4 实训评价与成绩评定

实训内容	评价项目及分数	学生自评	同学互评	指导教师评分
识读与绘制建筑工程图前的知识准备及训练	实训纪律及学习态度（10分）			
	制图基本知识（10分）			
	三面正投影图的原理及作图方法（15分）			
	剖面图与断面图的作图训练（10分）			
	施工图的产生及分类（5分）			
	建筑施工图常用符号及图例（15分）			
	房屋的构造组成（5分）			
	建筑施工图的绘制方法、步骤（30分）			
	小计（100分）			
总评结论				

模块 2　某砌体结构土建施工图识读与绘制

2.1　某砌体结构建筑施工图的识读与绘制

2.1.1　首页图与总平面图的识读

一、阅读《建筑工程实例图册》(中国建筑工业出版社出版，黄洁主编)(以下简称《图册》)第2、3页，完成以下填空题。

1. 该工程建筑名称＿＿＿＿＿＿＿＿＿＿，建设地点位于＿＿＿＿＿＿＿＿＿＿＿，该用地现状是＿＿＿＿。

2. 该工程建筑面积为＿＿＿＿＿，B户型建筑面积为＿＿＿＿＿；建筑高度为＿＿＿＿，建筑层数为＿＿＿层，结构类型是＿＿＿＿＿＿＿。

3. 该建筑的抗震设防烈度为＿＿＿度，使用年限＿＿＿年，耐火等级＿＿＿级，建筑物屋面防水等级为＿＿＿级。

4. 总平面图一般采用＿＿＿＿＿＿＿＿＿＿＿＿的比例绘制，该工程的总平面图比例为＿＿＿＿＿。总平面图中标注尺寸应以＿＿＿＿＿为单位，该总平面图上的尺寸主要标注的是道路的＿＿＿＿＿和建筑之间、建筑与用地红线之间的间距。

5. 在总平面图中，标有指北方向的符号称为＿＿＿＿＿，它用来表示该地区＿＿＿＿＿＿＿＿＿。按箭头为北向所示，该地区的主风向是＿＿＿＿＿风，新建住宅的编号分别是＿＿＿＿＿＿＿＿，其中多数是＿＿＿＿＿朝向，建筑的定位是采用＿＿＿＿＿定位。

6. 该总平面图中，住宅区内的新建建筑还有＿＿＿＿＿＿、＿＿＿＿＿＿、＿＿＿＿＿＿＿＿＿，属于公共建筑及公用设施用房。

7. 该住宅区共设置了＿＿＿个出入口；另外，除了建筑物、道路外，还考虑了＿＿＿＿＿＿、＿＿＿＿＿＿、＿＿＿＿的用地，总用地面积是＿＿＿＿＿＿m²，总建筑面积是＿＿＿＿＿＿m²，容积率是＿＿＿＿，建筑密度＿＿＿＿，绿化率＿＿＿＿。

二、阅读《图册》第2、3页，完成以下多项选择题。

1. 施工图首页一般由＿＿＿＿＿＿＿＿＿＿组成。

A. 建筑平面图　　　　B. 图纸目录　　　　C. 建筑设计总说明　　　　D. 工程做法表　　　　E. 门窗表

2. 建筑工程施工图主要包括_____。

A. 建筑施工图　　　　B. 弱电施工图　　　　C. 结构施工图　　　　D. 装修施工图　　　　E. 设备施工图

三、阅读《图册》第 2、3 页，完成以下简答题。

1. 建筑施工设计说明主要包括哪些内容？

2. 总平面图是如何产生的？有何作用？

2.1.2　建筑平面图的识读与绘制

一、阅读《图册》第 4~8 页，完成以下填空。

1. 假想用一个水平的剖切平面，沿房屋的_____位置将房屋切开，移去上部的房屋，从上往下作____投影得到的图即为建筑平面图，一幢多层房屋，其建筑平面图至少包括_____、_____、_____和在屋顶上方直接正投影所作的屋顶平面图。该砌体结构住宅的平面图包括_____等。

2. 该住宅建筑平面图采用_____的比例绘制；每个单元总长_____，总宽_____；有横向定位轴线_____条，纵向定位轴线____条；外墙墙厚____，在纵横墙交接处的涂黑方框表示_____，其作用是_____；在一层平面图中有_____个剖切符号，表示剖面图的剖切位置和投影方向，图中剖切到的房间是_____、_____、_____，剖到的门窗编号是_____、_____、_____，投影方向是朝_____。

3. 该住宅建筑一层平面住户室内标高为_____，底层楼梯间地面标高为_____，室外设计地面标高为_____，故而从室外进入楼梯间入口需要设_____步台阶，从楼梯间到住户室内应上_____步台阶；二层地面标高为_____，三至五层地面标高分别为_____，顶层的室内地面标高为_____，各层层高是_____ m。

4. 该住宅建筑平面功能布置为：每户有____间卧室，____个卫生间，厨房外设有一个阳台，按使用性质分类属于____阳台；从入户门进入住宅，设置了_____和_____，而卧室靠内设置，做到了内外分开、闹静分区，主卧室内设卫生间，设置的卫生设备有_____、_____、_____。

5. 结合门窗表，该建筑单元入口电子呼叫防盗门的设计编号为_____，尺寸为_____；入户防盗门编号为_____，尺寸为_____；卧室门编号为_____，尺寸为_____；C2310洞口尺寸为_____，所有窗的材料是_____，开启方式是_____式。

6. 各层平面图的户型布局相同，图形表达不同处是：一层平面图要表示住宅单元入口和建筑室外附属设施，室外附属设施设置有_____、_____，做法分别详_____图集第_____页的编号分别为_____、_____的详图；二层平面图要表示住宅单元入口处上部设置的雨篷，二层平面图中，雨篷排水坡度是_____，做法详见建施图第_____页，编号为_____的详图；此外，各层的_____表示不同。

7. 从屋顶平面图看出：该屋面为（选填：上人或不上人）_____屋面，屋顶为（选填：平屋顶或坡屋顶）_____，排水方式为（选填：有组织排水或无组织排水）_____；采用____坡面排水，排水坡度为_____，共设置了____根雨水管；屋面检修孔尺寸为_____，隔热层为_____，距离女儿墙边_____。

二、阅读《图册》第4~8页，完成以下判断题。

（　）1. 表明剖面图的剖切位置及其投影方向与编号的符号，应表示在屋顶平面图中。

（　）2. 一般在建筑平面图上的尺寸（详图例外）均为未装修的结构表面尺寸。

（　）3. 从建筑平面图，可以知道建筑物的外形、总长、总宽、总高度等。

（　）4. 在平面图中，一般标注三道外部尺寸，中间一道为细部尺寸。

三、阅读《图册》第4~8页，根据某砌体结构住宅的建筑平面图填写下表。

名　　称	开间（mm）	进深（mm）	净开间（mm）	净进深（mm）	净面积（m²）
客厅					
餐厅					
主卧室（不含卫生间）					
厨房					

四、绘图题：绘制建筑平面图。

（一）目的

1. 熟悉建筑平面图的内容与表达方法。

2. 掌握绘制建筑平面图的步骤与方法。

3. 深入识读建筑平面图。

（二）内容

抄绘《图册》第 4～8 页的建筑平面图（由指导教师指定，至少抄绘其中 1～2 张图）。

（三）要求

1. 图纸：A3 图幅。

2. 比例：1∶100。

3. 图线：图线线宽参照《建筑制图统一标准》GB 50104—2010 的规定。

4. 字体：汉字用长仿宋体，平面图下方的图名用 10 号字，平面图中各部分名称用 5 号字，定位轴线中的数字和字母用 5 号字，尺寸数字用 4 号字。

5. 作图准确，图线粗细分明，尺寸标注完整无误，字体端正整齐。

2.1.3 建筑立面图的识读与绘制

一、阅读《图册》第 9～11 页，完成以下填空题。

1. 该图纸中的①～⑬立面图也可称为_____图或_____图；该建筑物的室内地面标高为_____，室外地面标高为_____ m 和_____ m，室外地面坡度为_____；底层层高为_____ m，二至六层层高均为_____ m。

2. 该建筑外墙装饰做法为：分别用_____、_____、_____和_____漆面。

3. 在该立面图中，建筑的外轮廓线用_____线表示，室外地坪线用_____线表示，在外轮廓之内的凹进或凸出的墙面轮廓线、门窗洞、阳台、雨篷等用_____线表示，一些较小的构配件和细部的轮廓线用_____或_____线表示。

4. 在①～⑬立面图中，从左到右，各层楼的窗户宽度尺寸依次分别是_____ mm、_____ mm、_____ mm、_____ mm、_____ mm 和_____ mm，①～⑬的距离是_____ mm，这些尺寸在_____图上可以查到。

5. ⑬～①立面图也可称为_____图或_____图，该立面与①～⑬立面图的外装饰做法在风格上是一致的，墙漆做法仍然采用了____色、____色、____色和____色，其中楼梯间的外墙主要采用的是____色外墙漆。

6. Ⓐ～Ⓙ立面图与Ⓙ～Ⓐ立面图均为＿＿＿立面图，因立面形状和材料做法＿＿＿＿＿＿，故而在Ⓙ～Ⓐ立面图下注明为＿＿＿＿＿＿关系，不再重复表示。

二、绘图题（可选做）

（1）请用 1：100 的比例按绘图要求绘制《图册》第 9 页的①～⑬立面图在 A3 图纸上。

（2）请用 1：100 的比例按绘图要求绘制《图册》第 10 页的⑬～①立面图在 A3 图纸上。

（3）请用 1：100 的比例按绘图要求绘制《图册》第 11 页的Ⓙ～Ⓐ立面图在 A3 图纸上。

2.1.4　建筑剖面图的识读与绘制

一、阅读《图册》第 12 页，完成以下判断题。

（　）1. 剖面图的图名应与平面图上标注的剖切位置的编号一致。

（　）2. 在 1-1 剖面图中，建筑总高度尺寸是 19.100m。

（　）3. 建筑平面图是反映建筑物的结构形式、分层情况、内部构造和各部位高度的图样。

二、阅读《图册》第 12 页，完成以下填空题。

1. 根据 1-1 剖面图，结合首层平面图可知：剖切平面是通过＿＿＿＿再转到＿＿＿＿的侧平面，剖视方向向＿＿＿＿，剖到的门编号是＿＿＿＿和＿＿＿＿，剖到的窗编号是＿＿＿＿。

2. 从 1-1 剖面图中可看出：①轴线处的室外地坪标高为＿＿＿＿m，进入单元门的室内地面标高为＿＿＿＿m，客厅的地面标高为＿＿＿＿m，从单元门到入户门，有＿＿＿个踏步，每个踢面高度为＿＿＿＿＿mm。

3. 剖面图上Ⓐ轴线墙体的窗台高度为＿＿＿＿＿＿mm，按照该建筑门窗表的注释要求，凡窗台高度低于＿＿＿＿＿＿mm 的外窗，室内均加设＿＿＿＿＿＿＿＿＿＿，刷＿＿＿＿＿油漆；Ⓐ轴线墙体的窗户高＿＿＿＿＿mm，窗顶的梁是圈梁＿＿＿＿＿，梁高为＿＿＿＿mm。

4. 楼梯间被剖切到的外墙体编号是＿＿＿轴线，入口处门高＿＿＿＿mm，门头上设了雨篷，雨篷做法详见建筑施工图第＿＿＿＿页，编号＿＿＿＿详图，雨篷板面标高是＿＿＿＿＿m；楼梯间被剖到的楼梯段的断面涂黑表示，楼梯形式为现浇钢筋混凝土＿＿＿＿＿楼梯，从剖面图中可以看出，梯段板两端支承在＿＿＿＿梁上，各楼层的楼梯中间平台标高分别为＿＿＿＿＿＿＿＿＿＿＿＿＿＿＿m。

三、阅读《图册》第 12 页，用构造引出线表示出各层构造做法。

部　　位	构造做法（由下而上）
首层客厅地面	
楼层地面	
屋面	

四、绘图题：请用 1∶100 的比例，按绘图要求在 A3 图纸上绘制《图册》第 12 页的 1-1 剖面图。

2.1.5　建筑详图的识读与绘制

一、判断题。

（　）1. 建筑详图是建筑细部的施工图，也是建筑平、立、剖面图的补充图。

（　）2. 建筑详图包括外墙身详图、楼梯详图、门窗详图以及卫生间、厨房详图等。

（　）3. 外墙墙身详图实际上是建筑剖面图的局部放大图，常用比例为 1∶100。

二、阅读《图册》第 12、13 页，完成以下填空题。

1. 根据楼梯平面详图，该建筑楼梯间位于_____和_____轴线之间，开间尺寸为_____ mm，进深尺寸为_____mm，平面形式属于_____楼梯，楼梯井宽_____mm，楼梯段宽度为_____ mm。

2. 由《图册》第 12 页的 1-1 剖面图可以看出：一层到二层共上____个踏步，第一跑楼梯有____个踏步，每个踢面高_____mm，第二跑楼梯有____个踏步，每个踢面高_____mm，一层休息平台标高为_____m，休息平台的宽度为_____mm；二层到六层各层均有____个踏步，每跑楼梯均为____个踏步，每个踢面高_____mm，休息平台宽度为_____mm；该建筑楼梯踏面宽均为＿＿＿＿＿＿ mm。

3. 由《图册》第 12 页的 1-1 剖面图，Ⓖ轴上的女儿墙高度为＿＿＿＿ mm，详图位于建施第＿＿＿ 张图纸上，详图编号和图名分别为＿＿＿＿＿＿，绘图比例为＿＿＿；女儿墙的断面材料为＿＿＿＿＿＿，其中压顶高＿＿＿＿＿＿mm，压顶宽＿＿＿＿＿＿mm，女儿墙的厚度为＿＿＿＿ mm。

4. 根据卫生间大样图，Ⓒ～Ⓓ轴线之间的卫生间内的卫生设备有＿＿＿＿＿＿、＿＿＿＿＿＿和＿＿＿＿＿＿，地面坡度是＿＿＿＿＿＿，排水方向用箭头表示，水排至＿＿＿＿＿＿；厨房内橱柜案台上的设备是＿＿＿＿＿＿、＿＿＿＿＿＿和小电器，门旁摆放了＿＿＿＿＿，烟道采用的是＿＿＿＿＿＿＿＿＿＿＿＿＿＿。

三、绘图题。

1. 根据《图册》第 13 页的楼梯平面图和《图册》第 12 页的 1-1 剖面图，按 1：50 的比例绘制楼梯剖面图详图。

2. 用 1：50 的比例绘制《图册》第 13 页的卫生间大样图。

3. 用 1：20 的比例绘制《图册》第 14 页编号为"⑦"的女儿墙大样图。

4. 已知：某四层外廊式办公楼的平行双跑等跑楼梯，楼梯间的开间 2.7m，进深 5.7m，层高 3.0m，墙体厚度 240mm，轴线居中布置，踏步高 150mm，宽 300mm，休息平台宽 1300mm，楼层平台宽 1700mm，楼梯段宽 1150mm，楼梯井宽 160mm。根据上述条件，用 1：50 的比例在 A3 图纸上画出该楼梯的各层平面图。

2.2　某砌体结构结构施工图的识读与绘制

2.2.1　结构总说明的识读

阅读《图册》第 16 页的结构总说明完成以下填空题。

1. 本工程建筑层数为＿＿＿＿＿＿层，建筑高度（屋面）＿＿＿＿＿＿m，结构体系为＿＿＿＿＿＿结构，基础形式为＿＿＿＿＿＿基础。

2. 该建筑结构的安全等级为＿＿＿＿＿＿级，结构的设计使用年限为＿＿＿＿＿＿年。

3. 该建筑抗震设防烈度为＿＿＿＿＿＿度，基本风压为＿＿＿＿＿＿＿＿，地面粗糙度为＿＿＿＿＿＿＿＿类。

4. 该建筑的土层分布为＿＿＿＿＿＿、＿＿＿＿＿＿、＿＿＿＿＿＿。

5. 根据各功能用房设计活荷载标准值表，楼梯的设计活荷载标准值为＿＿＿＿＿＿kN/m²；施工集中荷载是＿＿＿＿＿＿kN，阳

38

台的栏杆顶部水平荷载是_____kN/m。通过查阅相关资料，请解释：活荷载是指_____，集中荷载是指_____。

6. 该建筑的基础为_____，基础持力层为_____，地基的液化等级为_____，地基土承载力特征值按_____进行设计。

7. 钢筋Φ表示_____级钢筋，钢筋Φ表示_____级钢筋，钢筋Φ表示_____级钢筋。

8. 该建筑的单梁、连续梁、构造柱主筋宜采用_____接头。单面焊接_____，双面焊接_____，当受力钢筋直径≥φ22 时，应采用_____接头。

9. 基础中纵向受力筋的混凝土保护层厚度不应小于_____ mm，当无垫层时不应小于_____mm。

10. 板、墙、壳中分布钢筋的保护层不应小于表 7 中相应数值_____mm，且不应_____mm；梁柱中箍筋和构造筋的保护层厚度不应小于_____mm。

11. 该工程混凝土强度等级见表 8，表中基础的混凝土强度等级是_____，楼梯、楼板、屋面板、板下的柱和梁的混凝土强度等级是_____。

12. 本工程砖墙的砌筑方法为_____，马牙槎的高度及间距均为_____mm。

13. 梁跨度大于或等于 4m 时，模板按跨度的_____起拱，悬臂梁按_____起拱，起拱高度不小于_____mm。

14. 双向板的底部钢筋，短跨钢筋置于_____，长跨钢筋置于_____。当板底与梁底平时，板的下部钢筋伸入梁内需_____。板上孔洞应_____，一般结构施工图中只表示出洞口尺寸_____mm 的孔洞，施工时各工种必须_____。

2.2.2 基础平面图与详图的识读与绘制

一、阅读《图册》第 17 页，完成以下填空题。

1. 基础平面图的产生：基础平面图是假设用一个水平的剖切平面沿相对标高_____处剖切，移去上部建筑及基础周围的泥土，由上向下作正投影，所得到的图形称为基础平面图。

2. 该基础的结构形式为_____。

3. 该基础的截面尺寸有_____种，基础底面宽度分别为_____。

4. 基础埋置深度是指_____到_____的垂直距离。除楼梯间入口处外，基础埋置深度为_____mm。

5. 地圈梁的截面尺寸均为＿＿＿＿＿＿＿＿＿＿＿＿＿＿＿，所配的纵向钢筋为＿＿＿＿＿＿＿＿＿＿＿＿＿＿，箍筋为＿＿＿＿＿＿＿＿＿＿＿＿＿＿。

6. 该基础平面图中，图示尺寸以＿＿＿＿＿＿＿＿＿＿＿为单位，标高以＿＿＿＿＿＿＿＿＿＿＿为单位。

7. 在基础详图中，基础超深部分处理做法为采用＿＿＿＿＿＿＿＿＿＿＿＿＿＿＿＿＿＿＿填筑至设计基底。

8. 基础所采用的材料为＿＿＿＿＿＿＿＿＿＿＿＿＿＿＿，属于＿＿＿＿＿＿＿＿＿基础，需要受到刚性角的限制，在 1-1 基础详图中，基础放脚分＿＿＿＿＿＿＿步台阶，从下往上，第 1、2 步台阶高＿＿＿＿＿＿＿＿＿＿＿＿＿＿＿＿＿＿mm，台阶出挑宽度分别是＿＿＿＿＿＿＿＿＿＿＿＿＿＿＿＿＿＿＿mm，宽高比符合刚性角的要求。

9. 一般情况下埋深超过 4m 的基础称为＿＿＿＿＿＿＿＿＿＿＿＿基础，埋深不超过 4m 的基础称为＿＿＿＿＿＿＿＿＿＿＿＿＿＿＿＿基础，该工程的基础属于＿＿＿＿＿＿＿＿＿＿＿＿基础。

10. 在基础平面图上，两单元相接处设有变形缝，采用双墙双梁的做法，根据编号为＿＿＿＿＿＿＿＿＿＿基础详图，双基础墙之间的缝宽为＿＿＿＿＿＿＿＿＿＿mm，基础墙下的双基础属于偏心受力，两基础之间用＿＿＿＿＿＿＿＿＿材料分隔。

二、基础平面图与详图的绘制

1. 目的

① 熟悉基础图的图示内容和要求。

② 掌握绘制基础平面图及详图的步骤和方法。

2. 内容

抄绘《图册》第 18 页的基础平面布置图和基础详图。

3. 要求

(1) 图纸：A3 图幅。

(2) 比例：基础平面图 1∶100；基础详图 1∶40。

(3) 图线：图线线宽参照《建筑结构制图标准》GB 50105—2010 的规定。

(4) 作图准确，图线粗细分明，尺寸标注完整无误，字体端正，图面匀称整洁。

2.2.3 楼（屋）盖结构平面图的识读与绘制

一、阅读《图册》第 19～26 页，完成以下填空题。

1. 在 2.900m 标高楼层板配筋图中，标注的板厚为＿＿＿＿＿＿＿＿＿＿mm，即＿＿＿＿＿＿＿＿＿＿＿＿＿＿（填房间名称）的楼板厚度，其他房间的板厚均为＿＿＿＿＿＿＿＿＿＿＿＿＿＿mm。

2. QL 表示为_____，GZ 表示为_____。

3. 在 2.900m 标高楼层板配筋图中，位于横向定位轴线②-⑤，竖向定位轴线⑧-⑥的板中，板底受力筋配筋均为_____，钢筋编号分别是_____，支座处的负弯矩钢筋分别为（写出钢筋编号和直径、间距）_____。

4. QL 的截面尺寸均为_____，按配筋不同，截面详图有_____个，其中 QL-1 的纵向钢筋为_____，箍筋为_____。

5. GZ 的截面详图有_____个，其中截面尺寸最大是_____mm，最小是_____mm；GZ-4 详图中，截面尺寸是_____，GZ-4 构造柱角部纵向钢筋为_____，中部纵向钢筋为_____，箍筋直径为_____mm，加密区间距是_____mm，非加密区间距是_____mm。

6. QL 和 GZ 在各层的平面布置情况应阅读_____图，与详图对应阅读。

7. 在 2.900m 标高楼层结构布置图中，除圈梁外，还有_____种梁，编号分别为_____；在该图中，画对角线的房间表示的是_____间，用 45°斜线填充的房间，表示该房间的板顶相对本层标高_____，用方格填充的房间表示该房间的板顶相对本层标高_____。

8. 在 17.400m 标高楼层板配筋图中，板的厚度为_____mm，未注明板厚均为_____mm；①号钢筋为_____，其含义为_____。

9. 在 17.400m 标高屋面结构布置图中，未注明的柱均为_____，未注明的梁均为_____。

10. GL 是_____，位置在_____上部，截面详图有_____个，编号分别是_____，其中，截面高度最大是_____mm，截面宽度均为_____。

二、楼（屋）盖结构平面图的绘制

1. 目的

（1）熟悉楼（屋）盖结构平面图的图示内容和要求。

（2）掌握绘制楼（屋）盖结构平面图的步骤和方法。

2. 内容

抄绘《图册》第 19～26 页的楼（屋）盖结构平面图和板配筋图（任选一层绘制）。

3. 要求

（1）图纸：A3 图幅。

（2）比例：柱、梁、板结构平面图 1∶100。

（3）图线：图线线宽参照《建筑结构制图标准》GB 50105—2010 的规定。

（4）作图准确，图线粗细分明，尺寸标注完整无误，字体端正，图面匀称整洁。

2.2.4 楼梯结构详图的识读与绘制

一、阅读《图册》第 29 页完成以下填空题。

1. 现浇钢筋混凝土楼梯按结构形式可分为＿＿＿＿＿＿＿ 和 ＿＿＿＿＿＿＿＿ 两种，该楼梯的结构形式是＿＿＿＿＿＿＿。

2. 楼梯结构详图包括＿＿＿＿＿＿＿＿图、＿＿＿＿＿＿＿＿图和＿＿＿＿＿＿＿＿图。

3. 在楼梯结构剖面图 1-1 中，标高为±0.000～1.700m 的梯段，踏步高度为＿＿＿＿＿＿＿＿mm，标高为 1.700～2.900m 的梯段，踏步高度为＿＿＿＿＿＿＿＿mm，其余梯段踏步高度为＿＿＿＿＿＿＿＿＿mm。

4. TL-1 截面尺寸为＿＿＿＿＿＿＿，纵向钢筋为＿＿＿＿＿＿＿＿＿，箍筋为＿＿＿＿＿＿＿。

5. TB-1 的高度为＿＿＿＿＿＿＿，TB-2 的高度为＿＿＿＿＿＿，故楼梯踏步的高度不同，楼梯踏步宽度均为＿＿＿＿＿＿mm；中间平台的宽度均为＿＿＿＿＿＿＿mm，其配筋可阅读楼梯结构平面图。

6. 在楼梯底层平面图中，中间平台板底部受力筋为＿＿＿＿＿＿，分布筋配筋为＿＿＿＿＿＿，板顶部钢筋为＿＿＿＿＿。

7. TB-1 的楼梯板底部受力筋为＿＿＿＿＿，分布筋为＿＿＿＿＿，支座处的锚固钢筋为＿＿＿＿＿，板厚＿＿＿＿＿mm。

8. 在二～五层楼梯平面图中，梯段宽为＿＿＿＿＿＿mm，梯井宽度为＿＿＿＿＿＿mm。

二、阅读《图册》第 29 页的楼梯 1-1 剖面图，将剖面图中楼梯各构件的编号，标注在楼梯底层平面图、二～五层平面图、顶层平面图中对应位置。

三、楼梯结构详图的绘制

1. 目的

（1）熟悉楼梯结构详图的图示内容和要求。

（2）掌握绘制楼梯结构详图的步骤和方法。

2. 内容

抄绘《图册》第 29 页的楼梯结构详图，包括楼梯结构平面图、剖面图和配筋图。

3. 要求

（1）图纸：A3 图幅。

（2）比例：楼梯结构详图 1：50。

（3）图线：图线宽度参照《建筑结构制图标准》GB 50105—2010 的规定。

（4）作图准确，图线粗细分明，尺寸标注完整无误，字体端正，图面匀称整洁。

2.2.5　结构构件详图的识读与绘制

一、阅读《图册》第 27、28 页，完成以下填空题。

1. "L"表示楼层的梁，"WL"表示＿＿＿＿＿＿＿＿＿，L 按尺寸和配筋不同，有＿＿＿＿＿＿＿种，编号分别是＿＿＿＿＿＿＿＿＿；WL 按尺寸和配筋不同，有＿＿＿＿＿＿＿＿＿种，编号分别是＿＿＿＿＿＿＿＿＿＿＿＿＿＿＿＿。

2. 在《图册》第 27 页的 L-2 详图中，该梁有＿＿＿＿＿＿＿跨，长度为＿＿＿＿＿＿，阅读对应的断面配筋图，其受力筋为＿＿＿＿＿＿，架立筋为＿＿＿＿＿＿，箍筋直径为＿＿＿＿＿＿＿mm，加密区间距为＿＿＿＿＿＿＿mm，非加密间距为＿＿＿＿＿＿＿mm；在 WL-1 详图中，该梁有＿＿＿＿＿跨，各跨的配筋应阅读其图中剖切符号对应的断面配筋详图，截面尺寸是＿＿＿＿＿＿＿＿＿mm。

3. 梁详图由＿＿＿＿＿＿＿、＿＿＿＿＿＿＿和钢筋表组成，因该工程的梁配筋较简单，故省略钢筋表。

4. 结构施工图应与建筑施工图对照阅读，在阅读《图册》第 28 页时，应与《图册》第 14 页对照阅读，可发现《图册》第 14 页中表示了窗台、女儿墙、雨篷等构件的＿＿＿＿＿＿＿＿＿＿＿，但没有表示＿＿＿＿＿＿＿＿＿＿＿，而该内容在《图册》第 28 页中表示。

5. 阅读《图册》第 28 页，a-a 剖面图表示的是编号为＿＿＿＿＿＿＿＿＿的窗顶部＿＿＿＿＿＿＿和窗下部＿＿＿＿＿＿＿构件的钢筋配置情况，其他详图请按同样的方法阅读。

6. 阅读《图册》第 28 页，在⑥女儿墙大样图中，女儿墙采用钢筋混凝土材料，高度为＿＿＿＿＿＿＿mm，压顶宽度是＿＿＿＿＿＿＿mm，女儿墙厚度＿＿＿＿＿＿＿mm，受力钢筋为＿＿＿＿＿＿，分布钢筋为＿＿＿＿＿＿，受力钢筋应伸入＿＿＿＿＿＿＿＿内；在⑧女儿墙大样图中，女儿墙压顶的宽度为＿＿＿＿＿＿＿＿，压顶纵向钢筋为＿＿＿＿＿＿＿，箍筋为＿＿＿＿＿＿，该女儿墙采用＿＿＿＿＿＿材料，墙厚度是＿＿＿＿＿＿＿mm。

二、结构构件详图的绘制

1. 目的

① 熟悉结构构件详图的图示内容和表示方法。

② 掌握绘制结构构件详图的步骤和方法。

2. 内容

抄绘《图册》第 27～28 页的楼（屋）盖梁图、墙体剖面详图、栏杆大样、雨篷大样图和女儿墙大样图（可由任课教师指定绘制）。

3. 要求

① 图纸：A3 图幅。

② 比例：1:20。

③ 图线：图线线宽使用参照《建筑结构制图标准》GB 50105—2010 的规定。

④ 作图准确，图线粗细分明，尺寸标注完整无误，字体端正，图面匀称整洁。

2.3　实训评价与成绩评定

实训内容	评价项目及分数	学生自评	同学互评	指导教师评分
建筑施工图	实训纪律及学习态度（30 分）			
	识图能力（40 分）			
	作图能力（30 分）			
	小计（100 分）			
	综合平均分			
结构施工图	实训纪律及学习态度（30 分）			
	识图能力（40 分）			
	作图能力（30 分）			
	小计（100 分）			
	综合平均分			
总评结论				

模块 3　某框架结构土建施工图识读与绘制

3.1　某框架结构建筑施工图识读与绘制

3.1.1　首页图与总平面图的识读

阅读《建筑工程实例图册》(中国建筑工业出版社出版,黄洁主编)(以下简称《图册》)第50页,完成以下填空题。

1. 从建筑施工图设计说明中可知,该建筑的结构类别是_____结构。建筑的耐火等级是_____级。建筑的抗震烈度为_____度。

2. 本工程的室内外高差是_____,墙体采用_____的混凝土多孔砖。

3. 本工程的总建筑面积为_____,建筑占地面积是_____。消防车道为_____m,转弯半径为_____m。

4. 建筑高度为_____,以主体结构确定的使用年限为_____。

5. 无障碍设计采用_____的坡道。做法详图为_____,坡道扶手详图为_____。

6. 建筑的屋面防水等级为_____,屋面泛水做法详图见_____。屋面出水口做法详图见_____。

7. 本工程除标注者外,外门窗、内门窗均为_____。其中窗的材料为_____,其型材与做法均符合_____的要求。塑钢门的主要结构型材的厚度不小于_____,铝合金窗的主要型材的厚度不小于_____。

8. 本工程地面,按照_____要求施工。教学楼外走廊防水做法中,找坡为_____,找坡材料为_____,防水材料为_____,厚度为_____,上翻_____mm。

9. 由总平面图可知,建筑容积率为_____,建筑密度为_____,绿地率为_____。

10. 由本工程拟建综合楼的总长为 _____ m，总宽为 _____ m，距北教学楼 _____ m，距用地红线 _____ m，室内外高差为_____，有_____层，朝向为_____。

11. 本工程所在的学校原有建筑物主要包括_____等。

12. 校区主入口位于地块的_____位置（填方位），在对外的公路上，交通联系方便，周围有_____和_____，环境优美。

3.1.2　建筑平面图的识读与绘制

一、阅读《图册》第 52～54 页和第 57 页，完成以下填空题。

1. 建筑平面图的形成原理为_____。一般包括_____图、_____图、_____图和屋顶平面图。

2. 建筑剖面图的剖切符号位于_____平面图中。

3. 请根据该建筑各层平面图，统计门与窗的类型为：_____。

4. 在建筑平面图中，纵向定位轴线编号从_____到_____，横向定位轴线编号从_____到_____；横向定位轴线之间的距离称为_____，纵向定位轴线之间的距离称为_____。

5. 在一层平面图中，无障碍坡道的做法选用图集_____中第_____页，编号为_____的详图，其栏杆的做法选用该图集第_____页编号为_____的详图。

6. 在建筑平面图中，各种线宽分别为：被剖切的墙体轮廓线为_____线，未被剖切的窗台、台阶等轮廓线为_____线，尺寸线、尺寸界线为_____线。

7. 在一层建筑平面图中，主要使用房间包括科学教室和_____，楼梯有_____部，分别设置在建筑的两端；建筑平面采用外廊式，外走廊的宽度是_____ mm；结构形式采用_____，在图中涂黑的构件是_____，是主要的竖向承重构件，墙体只承受自重，建筑内的房间较大，科学教室的开间尺寸是_____ mm，进深尺寸是_____ mm；定位轴线②～③之间的门窗类型包括_____、_____和_____三种，其宽度分别为_____、_____、_____。

8. 由屋顶平面图可知，其屋面隔热做法为_____，具体做法详_____，屋面排水做法为_____，其进深方向找坡方式为_____找坡，坡度为_____，分水线的标高为_____，纵向排水采用_____找坡，坡度为_____；该屋顶的排水方式是_____，在檐口设置了_____根雨水管，雨水管采用_____，做法详_____
_____。

二、阅读《图册》第 52~54 页和第 57 页，完成以下判断题。

（　　　　）1. 建筑平面图相当于建筑的各层水平剖面图。

（　　　　）2. 建筑平面图全部用粗实线绘制。

（　　　　）3. 定位轴线的线型全部为细实线，圆圈直径为 24mm。

（　　　　）4. 建筑平面图中，编号为 M1021 的门宽度为 1000mm。

（　　　　）5. 建筑平面图中，楼梯间的开间尺寸为 3300mm，进深尺寸为 9600mm。

三、阅读《图册》第 52~54 页和第 57 页，完成以下简答题。

1. 建筑平面图的图示内容包括哪些？

2. 一层与二层、三层建筑平面图的主要区别是什么？

四、绘图题：绘制建筑平面图

（一）目的

1. 熟悉建筑平面图的内容与表达方法。

2. 掌握绘制建筑平面图的步骤与方法。

3. 深入识读建筑平面图。

（二）内容

抄绘《图册》第 52~54 页的建筑各层平面图和第 57 页的屋顶平面图（由指导教师指定）。

（三）要求

1. 图纸：A3 图幅。

2. 比例：1∶100。

3. 图线：图线线宽参照《建筑制图统一标准》GB 50104—2010 的规定。

4. 字体：汉字用长仿宋体，平面图下方的图名用 10 号字，平面图中各部分名称用 5 号字，定位轴线中的数字和字母用 5 号字，尺寸数字用 4 号字。

5. 作图准确，图线粗细分明，尺寸标注完整无误，字体端正整齐。

3.1.3　建筑立面图的识读与绘制

一、阅读《图册》第 55～56 页，完成以下填空题。

1. 建筑立面图的产生原理为＿＿＿＿＿＿＿＿＿＿＿＿＿＿＿＿＿＿＿＿＿＿＿＿＿＿＿＿＿＿＿＿＿＿。建筑立面图的作用是＿＿＿＿＿＿＿＿＿＿＿＿＿＿＿＿＿＿＿＿＿＿＿＿＿＿＿＿＿＿＿＿＿＿。

2. 建筑立面图的命名方式主要包括＿＿＿＿＿＿＿＿、＿＿＿＿＿＿＿＿、＿＿＿＿＿＿＿＿等三种，该建筑的立面图采用＿＿＿＿＿＿＿＿的命名方式。

3. 建筑立面图的定位轴线与＿＿＿＿＿＿＿＿图一致，立面的轴线方向的尺寸也与＿＿＿＿＿＿＿＿图一致，满足三面投影"三等关系"中的＿＿＿＿＿＿＿＿相等和＿＿＿＿＿＿＿＿相等。

4. 根据该建筑各立面图，外墙选用＿＿＿＿＿＿＿＿材料，详见＿＿＿＿＿＿＿＿，勒脚选用＿＿＿＿＿＿＿＿。

5. 根据该建筑的①～⑩立面图，该立面采用对称设计，建筑总高度是＿＿＿＿＿＿＿＿ m，中间部分较两端高＿＿＿＿＿＿＿＿ mm，设计室外地坪标高是＿＿＿＿＿＿＿＿ m，一层窗台高度是＿＿＿＿＿＿＿＿ m，二、三层外廊的扶手高度是＿＿＿＿＿＿＿＿ m；左、右两侧楼梯间墙体采用三组洞口采光通风，洞口的立面尺寸是＿＿＿＿＿＿＿＿，每两个洞口的距离是＿＿＿＿＿＿＿＿ mm。

6. 该建筑共绘制了 4 个立面图，①～⑩立面图相当于投影六视图中的＿＿＿＿＿＿＿＿图，⑩～①立面图相当于投影六视图中的＿＿＿＿＿＿＿＿图，Ⓐ～Ⓓ立面图与Ⓓ～Ⓐ立面图分别相当于投影六视图中的＿＿＿＿＿＿＿＿图和＿＿＿＿＿＿＿＿图，这几个立面图符合投影"三等关系"中的＿＿＿＿＿＿＿＿关系，4 个立面图在识读时相互对照，想象建筑的三维整体外形。

7. 由材料做法表可知，台阶选用的是＿＿＿＿＿＿＿＿材料，详见＿＿＿＿＿＿＿＿＿＿＿＿＿＿。

8. 由门窗表可知，普通门的设计编号为＿＿＿＿＿＿＿＿，洞口尺寸为＿＿＿＿＿＿＿＿，数量为＿＿＿＿＿＿＿＿，图集名称为＿＿＿＿＿＿＿＿；C1815 的洞口尺寸为＿＿＿＿＿＿＿＿，DK0404 的洞口尺寸为＿＿＿＿＿＿＿＿。

二、多项选择题

(　　) 1. 建筑立面图反映房屋的＿＿＿＿＿＿＿＿。

A. 外部造型　　　　　　B. 建筑大小　　　　　　C. 外墙门窗位置与形式　　　　　　D. 外墙面装修材料

(　　) 2. 关于立面图绘制表述准确的是＿＿＿＿＿＿＿＿。

A. 外轮廓线用粗实线　　　　　　　　　　B. 室外地坪用中实线

C. 门窗轮廓线用中实线　　　　　　　　　D. 标高符号、门窗引出线用中实线

三、简答题

1. 建筑立面图的图示内容包括哪些？

2. 关于建筑立面图的图线表示方法，《建筑制图统一标准》GB 50104—2010 是如何规定的？

四、绘图题：绘制建筑立面图

（一）目的

1. 熟悉建筑立面图的内容与表达方法。

2. 掌握绘制建筑立面图的步骤与方法。

（二）内容

抄绘《图册》第 55～56 页的建筑立面图（可由指导教师指定选绘）。

（三）要求

1. 图纸：A3 图幅。

2. 比例：1∶100。

3. 图线：图线线宽参照《建筑制图统一标准》GB 50104—2010 的规定。

4. 字体：汉字用长仿宋体，平面图下方的图名用 10 号字，平面图中各部分名称用 5 号字，定位轴线中的数字和字母用 5 号字，尺寸数字用 4 号字。

5. 作图准确，图线粗细分明，尺寸标注完整无误，字体端正整齐。

3.1.4　建筑剖面图的识读与绘制

一、阅读《图册》第 57 页的 1-1 剖面图，完成以下填空题。

1. 建筑剖面图的产生原理为＿＿＿＿＿＿＿＿＿＿＿＿＿＿＿＿＿＿＿＿＿＿＿＿＿＿＿＿＿＿＿＿＿＿＿。

2. 建筑剖面图一般应标注建筑物被剖切到外墙的三道尺寸：最外侧的一道标注地面以上的尺寸；中间一道是＿＿＿＿＿＿＿＿＿＿尺寸；最靠近外墙的尺寸是＿＿＿＿＿＿＿＿＿＿尺寸，此外需要补充标注局部＿＿＿＿＿＿＿＿＿＿尺寸，还要标注各楼、地面和屋面的标高。

3. 由 1-1 剖面图可知，室外地坪标高为＿＿＿＿＿＿＿＿＿＿，室内地坪标高为＿＿＿＿＿＿＿＿＿＿，二层楼面标高为＿＿＿＿＿＿＿＿＿＿，三层楼面标高为＿＿＿＿＿＿＿＿＿＿，屋面标高为＿＿＿＿＿＿＿＿＿＿，建筑的层高为＿＿＿＿＿＿＿＿＿＿，楼梯中间平台的标高分别是＿＿。

4. 由 1-1 剖面图可知，本建筑的屋面防水层为＿＿＿＿＿＿＿＿＿＿材料；保护层为＿＿＿＿＿＿＿＿＿＿材料；隔热层为＿＿＿＿＿＿＿＿＿＿做法。

二、不定项选择题

（　　）1. 下列选项中，属于可以从建筑剖面图中看到的内容有＿＿＿＿＿＿＿＿＿＿。

A. 剖切到的各部分的位置、形状　　　　　　B. 内外墙的尺寸与标高

C. 檐口节点标明屋面的高度、标高与构造做法　　D. 详图索引符号

（　　）2. 建筑剖面图的编号应＿＿＿＿＿＿＿＿＿＿。

A. 无规定　　　　　　　　　　　　　　　　B. 按一定编号顺序编号

C. 与平面图上标注的剖切位置编号一致　　　D. 用阿拉伯数字

（　　）3. 建筑剖面图常用的比例包括＿＿＿＿＿＿＿＿＿＿。

A. 1∶100，1∶50，1∶200　　　　　　　　　B. 与建筑平面图相同

C. 没有要求　　　　　　　　　　　　　　　D. 与总平面图比例一致

三、简答题

1. 建筑剖面图的图示内容包括哪些？

2. 《建筑制图统一标准》GB 50104—2010 中对建筑剖面图的剖切位置选择、投影原理、图形表示与图线线宽的使用有哪些规定？

四、绘图题：绘制建筑剖面图

（一）目的

1. 熟悉建筑剖面图的内容与表达方法。

2. 掌握绘制建筑剖面图的步骤与方法。

3. 正确识读建筑剖面图。

（二）内容

抄绘《图册》第 57 页的 1-1 剖面图。

（三）要求

1. 图纸：A3 图幅。

2. 比例：1∶100。

3. 图线：图线线宽参照《建筑制图统一标准》GB 50104—2010 的规定。

4. 字体：汉字用长仿宋体，平面图下方的图名用 10 号字，平面图中各部分名称用 5 号字，定位轴线中的数字和字母用 5 号字，尺寸数字用 4 号字。

5. 作图准确，图线粗细分明，尺寸标注完整无误，字体端正整齐。

3.1.5 建筑详图的识读与绘制

一、阅读《图册》第58、59页，完成以下填空题。

1. 建筑详图主要包括_____、_____、_____三种类型。

2. 建筑详图常用的比例包括_____、_____、_____、_____等较大比例。

3. 楼梯详图主要包括_____、_____、_____等三部分。

4. 由建筑平面图可知，建筑内设置了两部楼梯，其尺寸和做法相同，楼梯间横向定位轴线分别是_____轴线和_____轴线，开间尺寸为_____mm，进深尺寸为_____mm，属于（选填：平行双跑、单跑、三跑）_____楼梯；从楼梯平面图和建筑剖面图中可知，楼梯井宽为_____mm，每层楼梯总踏步数为_____步，踏步宽度为_____mm，每梯段高度为_____mm，踏步高度为梯段高度_____等分；二层楼层平台的标高为_____m，从一层到二层的中间平台的标高为_____m。

5. 由科学教室大样图可知，教室的总开间为_____mm，总进深为_____mm。讲台的索引符号是_____，表示_____，该教室左右两侧视线与黑板两侧的夹角是_____°，第一排课桌距黑板墙体的距离是_____mm，课桌之间的间距是_____mm。

6. 由计算机教室的大样图可知，门的代号及类型有_____，窗的代号及类型有_____。

二、多项选择题

1. 下列属于建筑详图特征的是（　　）。

A. 比例较小　　　　　　　B. 尺寸详细　　　　　　　C. 文字详细　　　　　　　D. 图例详细

2. 楼梯平面图主要包括（　　）。

A. 底层平面图　　　　　　B. 中间层平面图　　　　　C. 顶层平面图　　　　　　D. 地下室平面图

3. 墙身详图的主要作用是（　　）。

A. 标明室外散水和勒脚的做法　　　　　　　　　B. 标明楼地面的详细做法等

C. 标明室内布局等　　　　　　　　　　　　　　D. 标明女儿墙及压顶的做法等

三、简答题

1. 墙身详图主要包括哪些图示内容？

2. 楼梯各层平面图是如何形成的？

四、绘图题：绘制楼梯详图

（一）目的

1. 理解楼梯的建筑平面图的内容和要求。

2. 熟悉楼梯各层平面图的投影关系和表达方法。

3. 掌握绘制和识读楼梯详图的步骤和方法。

（二）内容

抄绘《图册》第58页的楼梯间大样图，并参考《图册》第57页的1-1剖面图，对照楼梯平面图，绘制楼梯剖面图。

（三）要求

1. 图纸：A3图幅。

2. 图名：楼梯平面图（楼梯间大样图）。

3. 比例：1∶50。

4. 图线：图线线宽参照《建筑制图统一标准》GB 50104—2010的规定。

5. 字体：汉字用长仿宋体，平面图下方的图名用7号字，详图中说明用5号字，尺寸及说明中数字用4号字。

6. 作图准确，图线粗细分明，尺寸标注完整无误，字体端正整齐。

3.2 某框架结构结构施工图识读与绘制

3.2.1 结构总说明的识读

阅读《图册》第 60 页，完成以下填空题。

1. 本工程建筑层数为_____层，建筑高度_____ m，结构体系为_____结构，基础形式为_____基础。

2. 该建筑结构的安全等级为_____级，结构的设计使用年限为_____年，建筑耐火等级为_____。

3. 该建筑抗震设防烈度为_____度，基本风压为_____，地面粗糙度为_____类。

4. 根据表 2 各功能用房设计活荷载标准值，不上人屋面的设计活荷载标准值为_____，走道的设计活荷载标准值为_____，楼梯的设计活荷载标准值为_____。

5. 该建筑采用_____基础及_____基础，地基持力层为_____。

6. 基础的材料是：钢筋采用_____级钢筋，垫层采用_____的混凝土，独立基础的混凝土采用_____，墙下条形基础采用_____，基础部分混凝土保护层厚_____ mm。

7. 钢筋保护层厚度是指_____到_____的距离；当环境类别为一类，钢筋混凝土板保护层的最小厚度为_____。

8. 当钢筋直径大于等于 22mm 时，采用_____连接来保证连接的质量。

9. 该工程中，双向板的板底短跨钢筋置于_____，板面短跨钢筋置于_____。

10. 该工程中，板的跨度大于或等于 4m 时，跨中按_____起拱。

11. 该工程板中预埋管线上无板面筋时，应双向加设_____网片筋。

12. 填充墙与混凝土柱连接处均设置_____拉结，混凝土多孔砖墙按_____度抗震构造措施进行施工；除图中注明外，240mm 厚墙高大于 4.0m、190mm 厚墙高大于 3.6m，120mm 厚墙高大于 2m 的中部或门窗洞顶位置，圈梁断面为_____，配筋为_____。

3.2.2 基础平面图与详图的识读与绘制

一、阅读《图册》第 61 页完成以下填空题。

1. 基础平面图的产生：基础平面图是假设用一个水平的剖切平面沿相对标高_____处剖切，移去上部建筑及基础周围的泥土，由上向下作正投影，所得到的图形称为基础平面图。

2. 由基础平面图中可知，本工程的基础类型有_____和_____两种。

3. 该柱独立基础的截面类型有_____等 5 种，基础底面宽度分别为_____。

4. 由《图册》第 61 页可知，1-1 基础详图是墙下条形基础的断面详图，埋置深度为_____ m，采用的材料是_____，基础断面形状为阶梯形，阶梯高度从下向上分别是_____，验算其宽高比，_____（选填：大于或小于）规定毛石混凝土宽高比，设计_____（选填：满足或不满足）要求。

5. LL 表示_____，J 表示_____。

6. LL-1 的受力筋采用_____的钢筋，架立筋采用_____的钢筋，箍筋采用_____的钢筋。

7. LL-2 的截面尺寸为_____，其垫层采用_____强度等级的混凝土。

8. 独立基础 J-1、J-2、J-3、J-4、J-5 的截面尺寸分别为_____。

9. 独立基础 J-1 的柱断面尺寸为_____。

10. 独立基础 J-3 采用的受力筋为_____，采用的分布筋为_____。

二、基础平面图与详图的绘制

1. 目的

① 熟悉基础图的图示内容和要求。

② 掌握绘制基础平面图及详图的步骤和方法。

③ 掌握识读基础平面图及详图的步骤和方法。

2. 内容

抄绘《图册》第 61、62 页的基础平面布置图和基础详图（可由指导教师指定选绘）。

3. 要求

① 图纸：A3 图幅。

② 比例：基础平面图 1：100；基础详图 1：40。

③ 线型：图线线宽参照《建筑结构制图标准》GB 50105—2010 的规定。

④ 作图准确，图线粗细分明，尺寸标注完整无误，字体端正，图面匀称整洁。

3.2.3　柱、梁、板结构平面图的识读与绘制

一、阅读《图册》第 63～71 页，完成以下填空题。

1. 《图册》第 63～65 页的图形中，"KZ"表示的构件是_____，"KL"表示的构件是_____。

2. 在结构平面图上，采用平面整体表示法表示各构件尺寸和配筋值的注写方式有_____、_____、_____三种。

3. 在结构平面图的注写方式中，平面注写法包括_____和_____两部分。

4. 由《图册》第 63～65 页可知，该工程的柱结构平面图采用_____注写方式，在第 1 层柱结构平面图中，框架柱按尺寸和配筋不同有_____类型，代号依次为_____。

5. 在《图册》第 63 页的第一层柱结构平面图中，KZ-1 的截面尺寸为_____，角部纵向钢筋为_____，截面宽度方向中部纵向钢筋为_____，截面高度方向中部纵向钢筋为_____，箍筋为_____，_____肢箍；《图册》第 63 页中，KZ-5 柱节点核心区箍筋为_____。

6. 阅读《图册》第 66 页的 3.900m 标高梁结构平面图中 KL-1 的标注完成下列填空题。

① 该梁的代号为_____，序号_____，跨数为_____。

② 该梁的截面尺寸为_____，其中梁宽为_____，梁高为_____。

③ 在该梁的箍筋部分，如图中Φ 10@100/200（2），表示箍筋直径为_____的_____级钢筋，加密区间距为_____，非加密区间距为_____，均为_____肢箍。

7. 在《图册》第 69 页的 3.900～7.800m 标高板配筋图中，未注明板厚均为_____mm；位于横向定位轴线②-③，竖向定位轴线 Ⓐ-Ⓑ 的板中，板底部受力筋为_____，板底部分布筋为_____，支座处的锚固钢筋为_____。

8. 在《图册》第 70 页的 11.700m 标高屋面板配筋图中，未注明板厚均为_____mm。位于横向定位轴线①-②，纵向定位轴线Ⓐ-Ⓑ的板中，板底部受力筋配筋为_____，板底部分布筋配筋为_____，支座处的锚固钢筋为_____。

9. 在《图册》第 70 页的女儿墙大样图中，采用_____比例，女儿墙的高度为_____。女儿墙压顶的宽度为_____，压顶配筋为_____。

10. 《图册》第71页的图形详细表示了＿＿＿＿＿＿＿＿＿＿＿＿＿＿＿＿＿＿＿＿＿等构件的节点及配筋详图；其中，圈梁的截面高度是＿＿＿＿＿＿＿＿＿＿ mm，纵 向 钢 筋 分 别 是 ＿＿＿＿＿＿＿＿＿＿＿＿＿，箍 筋 是 ＿＿＿＿＿＿＿＿＿；构 造 柱 截 面 尺 寸 有 两 种，分 别 是＿＿＿＿＿＿＿＿＿＿＿＿＿，箍筋是＿＿＿＿＿＿＿＿＿＿＿，底层构造柱竖筋应锚入＿＿＿＿＿＿＿＿＿＿＿＿＿；在主次梁交接处，板的钢筋位置在次梁钢筋之＿＿＿＿＿＿，次梁钢筋在主梁钢筋之＿＿＿＿＿＿，符合荷载传递的原理。

二、简答题

1. 试述圈梁的作用、设置的位置及构造要求。

2. 试述构造柱的作用、设置的位置及构造要求。

3. 框架柱和构造柱有何区别？

三、柱、梁、板结构平面及配筋图的绘制

1. 目的

① 熟悉柱、梁、板结构平面及配筋图的图示内容和要求。

② 掌握绘制柱、梁、板结构平面图的步骤和方法。

③ 掌握识读柱、梁、板结构平面图的步骤和方法。

2. 内容

抄绘《图册》第 63～71 页的柱、梁结构平面图及板配筋图（可由指导教师指定绘制）。

3. 要求

① 图纸：A3 图幅。

② 比例：柱、梁、板结构平面图 1∶100。

③ 线型：图线线宽使用参照《建筑结构制图标准》GB 50105—2010 的规定。

④ 作图准确，图线粗细分明，尺寸标注完整无误，字体端正，图面匀称整洁。

3.2.4　楼梯结构详图的识读与绘制

一、阅读《图册》第 72 页，完成以下填空题。

1. 该楼梯为现浇钢筋混凝土楼梯，其结构形式为＿＿＿＿＿＿＿。

2. 楼梯结构详图中，"TL" 表示＿＿＿＿＿＿＿，"TB" 表示＿＿＿＿＿＿＿。

3. 在 TB-12 图中，梯板底部受力筋配筋为＿＿＿＿＿＿＿，底部分布筋配筋为＿＿＿＿＿＿＿，支座处的负钢筋为＿＿＿＿＿＿＿。

4. 在楼梯结构平面图中可知，梯柱的截面尺寸为＿＿＿＿＿＿＿，受力筋为＿＿＿＿＿＿＿，箍筋为＿＿＿＿＿＿＿；休息平台的板底部受力筋为＿＿＿＿＿＿＿，板上部钢筋为＿＿＿＿＿＿＿；梯段长＿＿＿＿＿＿＿ mm，踏步宽度为＿＿＿＿＿＿＿ mm，每跑梯段有＿＿＿＿＿＿＿个踏步，梯段宽＿＿＿＿＿＿＿ mm，梯井宽度为＿＿＿＿＿＿＿ mm。

5. 在 TL-1 图中，TL-1 的截面尺寸为＿＿＿＿＿＿＿，下部受力筋为＿＿＿＿＿＿＿，架立筋为＿＿＿＿＿＿＿，箍筋为＿＿＿＿＿＿＿。

6. 在 TB-11 图中，休息平台（标高为 1.950 处）板的厚度为＿＿＿＿＿＿＿ mm，楼梯板的厚度是＿＿＿＿＿＿＿ mm，踏步高度是＿＿＿＿＿＿＿ mm。

二、简答题

1. 试述楼梯的构造组成和楼梯尺度设计的要求。

2. 试述现浇钢筋混凝土楼梯的类型及各类楼梯的构造特点。

三、楼梯结构详图的绘制

1. 目的

①熟悉楼梯结构详图的图示内容和要求。

②掌握绘制楼梯结构详图的步骤和方法。

③理解掌握识读楼梯结构详图的方法。

2. 内容

抄绘《图册》第 72 页的楼梯结构详图：其中包括楼梯结构平面图、剖面图和配筋图。

3. 要求：

① 图纸：A3 图幅。

② 比例：楼梯结构平面图、剖面图 1：50，配筋图 1：25。

③ 线型：图线线宽请参照《建筑结构制图标准》GB 50105—2010 的规定。

④ 作图准确，图线粗细分明，尺寸标注完整无误，字体端正，图面匀称整洁。

3.3 实训评价与成绩评定

实训内容	评价项目及分数	学生自评	同学互评	指导教师评分
建筑施工图	实训纪律及学习态度（30 分）			
	识图能力（40 分）			
	作图能力（30 分）			
	小计（100 分）			
	综合平均分			
结构施工图	实训纪律及学习态度（30 分）			
	识图能力（40 分）			
	作图能力（30 分）			
	小计（100 分）			
	综合平均分			
总评结论				

附录1 《房屋建筑制图统一标准》GB/T 50001—2010 选录

一、术语

1. 图纸幅面

图纸幅面是指图纸宽度与长度组成的图面。

2. 图线

图线是指起点和终点间以任何方式连接的一种几何图形，形状可以是直线或曲线，连续和不连续线。

3. 字体

字体是指文字的风格式样，又称书体。

4. 比例

比例是指图中图形与其实物相应要素的线性尺寸之比。

5. 视图

将物体按正投影法向投影面投射时所得到的投影称为视图。

6. 轴测图

用平行投影法将物体连同确定该物体的直角坐标系一起沿不平行于任一坐标平面的方向投射到一个投影面上，所得到的图形，称为轴测图。

7. 透视图

根据透视原理绘制出的具有近大远小特征的图像，以表达建筑设计意图。

8. 标高

以某一水平面作为基准面，并作零点（水准原点）起算地面（楼面）至基准面的垂直高度。

9. 工程图纸

根据投影原理或有关规定绘制在纸介质上的，通过线条、符号、文字说明及其他图形元素表示工程形状、大小、结构等特征的图形。

二、图纸幅面规格与图纸编排顺序

1. 图纸幅面

（1）图纸幅面及图框尺寸应符合附表 1-1 的规定。

幅面及图框尺寸（mm）　　　　　　　　　　　　　　　　　　　　　　　　　　　　附表 1-1

幅面代号 尺寸代号	A0	A1	A2	A3	A4
$b×l$	841×1189	594×841	420×594	297×420	210×297
c			10		5
a			25		

注：表中 b 为幅面短边尺寸，l 为幅面长边尺寸，c 为图框线与幅面线间宽度，a 为图框线与装订边间宽度。

（2）图纸的短边尺寸不应加长，A0～A3 幅面长边尺寸可加长，但应符合附表 1-2 的规定。

图纸长边加长尺寸（mm）　　　　　　　　　　　　　　　　　　　　　　　　　　附表 1-2

幅面代号	长边尺寸	长边加长后的尺寸
A0	1189	1486（A0+1/4l）　1635（A0+3/8l）　1783（A0+1/2l）　1932（A0+5/8l）　2080（A0+3/4l）　2230（A0+7/8l） 2378（A0+l）
A1	841	1051（A1+1/4l）　1261（A1+1/2l）　1471（A1+3/4l）　1682（A1+l）　1892（A1+5/4l）　2102（A1+3/2l）
A2	594	743（A2+1/4l）　891（A2+1/2l）　1041（A2+3/4l）　1189（A2+l）　1338（A2+5/4l）　1486（A2+3/2l） 1635（A2+7/4l）　1783（A2+2l）　1932（A2+9/4l）　2080（A2+5/2l）
A3	420	630（A3+1/2l）　841（A3+l）　1051（A3+3/2l）　1261（A3+2l）　1471（A3+5/2l）　1682（A3+3l） 1892（A3+7/2l）

注：有特殊需要的图纸，可采用 $b×l$ 为 841mm×891mm 与 1189mm×1261mm 的幅面。

2. 图纸以短边作为垂直边应为横式，以短边作为水平边应为立式。A0～A3 图纸宜横式使用；必要时，也可立式使用。

3. 一个工程设计中，每个专业所使用的图纸，不宜多于两种幅面，不含目录及表格所采用的 A4 幅面。

三、标题栏

1. 图纸中应有标题栏、图框线、幅面线、装订边线和对中标志。图纸的标题栏及装订边的位置，应符合下列规定：

（1）横式使用的图纸，应按附图 1-1、附图 1-2 的形式进行布置；

（2）立式使用的图纸，应按附图 1-3、附图 1-4 的形式进行布置。

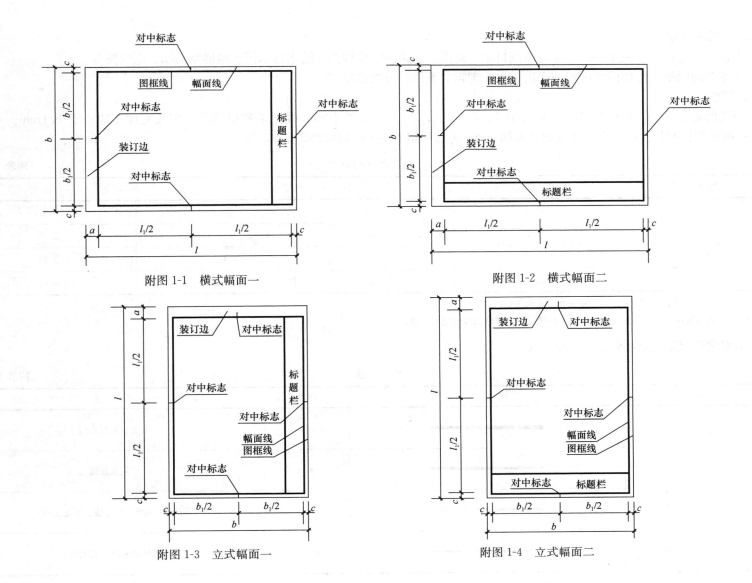

附图 1-1　横式幅面一

附图 1-2　横式幅面二

附图 1-3　立式幅面一

附图 1-4　立式幅面二

四、图纸编排顺序

1. 工程图纸应按专业顺序编排，应为图纸目录、总图、建筑图、结构图、给水排水图、暖通空调图、电气图等。

2. 各专业的图纸，应按图纸内容的主次关系、逻辑关系进行分类排序。

五、图线

1. 图线的宽度 b，宜从 1.4、1.0、0.7、0.5、0.35、0.25、0.18、0.13mm 线宽系列中选取。图线宽度不应小于 0.1mm。每个图样，应根据复杂程度与比例大小，先选定基本线宽 b，再选用附表 1-3 中相应的线宽组。

线宽组（mm）   附表 1-3

线宽比	线宽组			
b	1.4	1.0	0.7	0.5
$0.7b$	1.0	0.7	0.5	0.35
$0.5b$	0.7	0.5	0.35	0.25
$0.25b$	0.35	0.25	0.18	0.13

注：1. 需要缩微的图纸，不宜采用 0.18mm 及更细的线宽；

　　2. 同一张图纸内，各不同线宽中的细线，可统一采用较细的线宽组的细线。

2. 工程建设制图应选用附表 1-4 的图线。

图　线   附表 1-4

名　称		线　型	线宽	用　途
实线	粗	——————	b	主要可见轮廓线
	中粗	——————	$0.7b$	可见轮廓线
	中	——————	$0.5b$	可见轮廓线、尺寸线、变更云线
	细	——————	$0.25b$	图例填充线、家具线

名 称		线 型	线宽	用 途
虚线	粗		b	见各有关专业制图标准
	中粗		$0.7b$	不可见轮廓线
	中		$0.5b$	不可见轮廓线、图例线
	细		$0.25b$	图例填充线、家具线
单点长画线	粗		b	见各有关专业制图标准
	中		$0.5b$	见各有关专业制图标准
	细		$0.25b$	中心线、对称线、轴线等
双点长画线	粗		b	见各有关专业制图标准
	中		$0.5b$	见各有关专业制图标准
	细		$0.25b$	假想轮廓线、成型前原始轮廓线
折断线	细		$0.25b$	断开界线
波浪线	细		$0.25b$	断开界线

3. 同一张图纸内，相同比例的各图样，应选用相同的线宽组。

4. 图纸的图框和标题栏线可采用附表1-5的线宽。

图框和标题栏线的宽度（mm）   附表 1-5

幅面代号	图框线	标题栏外框线	标题栏分格线
A0、A1	b	0.5b	0.25b
A2、A3、A4	b	0.5b	0.25b

5. 相互平行的图例线，其净间隙或线中间隙不宜小于 0.2mm。

6. 虚线、单点长画线或双点长画线的线段长度和间隔，宜各自相等。

7. 单点长画线或双点长画线，当在较小图形中绘制有困难时，可用实线代替。

8. 单点长画线或双点长画线的两端，不应是点。点画线与点画线交接点或点画线与其他图线交接时，应是线段交接。

9. 虚线与虚线交接或虚线与其他图线交接时，应是线段交接。虚线为实线的延长线时，不得与实线相接。

10. 图线不得与文字、数字或符号重叠、混淆，不可避免时，应首先保证文字的清晰。

六、字体

1. 图纸上所需书写的文字、数字或符号等，均应笔画清晰、字体端正、排列整齐；标点符号应清楚正确。

2. 文字的字高应从附表 1-6 中选用。字高大于 10mm 的文字宜采用 True type 字体，当需书写更大的字时，其高度应按$\sqrt{2}$的倍数递增。

文字的字高（mm）   附表 1-6

字体种类	中文矢量字体	True type 字体及非中文矢量字体
字高	3.5、5、7、10、14、20	3、4、6、8、10、14、20

3. 图样及说明中的汉字，宜采用长仿宋体或黑体，同一图纸字体种类不应超过两种。长仿宋体的高宽关系应符合附表 1-7 的规定，黑体字的宽度与高度应相同。大标题、图册封面、地形图等的汉字，也可书写成其他字体，但应易于辨认。

长仿宋字高宽关系（mm）   附表 1-7

字高	20	14	10	7	5	3.5
字宽	14	10	7	5	3.5	2.5

4. 汉字的简化字书写应符合国家有关汉字简化方案的规定。

5. 图样及说明中的拉丁字母、阿拉伯数字与罗马数字，宜采用单线简体或 ROMAN 字体。拉丁字母、阿拉伯数字与罗马数字的书写规则，应符合附表 1-8 的规定。

拉丁字母、阿拉伯数字与罗马数字的书写规则   附表 1-8

书写格式	字体	窄字体
大写字母高度	h	h
小写字母高度（上下均无延伸）	$7/10h$	$10/14h$
小写字母伸出的头部或尾部	$3/10h$	$4/14h$
笔画宽度	$1/10h$	$1/14h$
字母间距	$2/10h$	$2/14h$
上下行基准线的最小间距	$15/10h$	$21/14h$
词间距	$6/10h$	$6/14h$

6. 拉丁字母、阿拉伯数字与罗马数字，当需写成斜体字时，其斜度应是从字的底线逆时针向上倾斜 75°。斜体字的高度和宽度应与相应的直体字相等。

7. 拉丁字母、阿拉伯数字与罗马数字的字高，不应小于 2.5mm。

8. 数量的数值注写，应采用正体阿拉伯数字。各种计量单位凡前面有量值的，均应采用国家颁布的单位符号注写。单位符号应采用正体字母。

9. 分数、百分数和比例数的注写，应采用阿拉伯数字和数学符号。

10. 当注写的数字小于 1 时，应写出各位的"0"，小数点应采用圆点，齐基准线书写。

11. 长仿宋汉字、拉丁字母、阿拉伯数字与罗马数字示例应符合现行国家标准《技术制图—字体》GB/T 14691 的有关规定。

七、比例

1. 图样的比例，应为图形与实物相对应的线性尺寸之比。

2. 比例的符号应为"："，比例应以阿拉伯数字表示。

3. 比例宜注写在图名的右侧，字的基准线应取平；比例的字高宜比图名的字高小一号或二号（附图 1-5）。

4. 绘图所用的比例应根据图样的用途与被绘对象的复杂程度，从附表 1-9 中选用，并应优先采用表中常用比例。

平面图 1:100   ⑥1:20

附图 1-5 比例的注写

	绘图所用的比例		附表 1-9
常用比例	1：1、1：2、1：5、1：10、1：20、1：30、1：50、1：100、1：150、1：200、1：500、1：1000、1：2000		
可用比例	1：3、1：4、1：6、1：15、1：25、1：40、1：60、1：80、1：250、1：300、1：400、1：600、1：5000、1：10000、1：20000、1：50000、1：100000、1：200000		

5. 一般情况下，一个图样应选用一种比例。根据专业制图需要，同一图样可选用两种比例。

6. 特殊情况下也可自选比例，这时除应注出绘图比例外，还应在适当位置绘制出相应的比例尺。

八、符号

（一）剖切符号

1. 剖视的剖切符号应由剖切位置线及剖视方向线组成，均应以粗实线绘制。剖视的剖切符号应符合下列规定：

（1）剖切位置线的长度宜为 6～10mm；剖视方向线应垂直于剖切位置线，长度应短于剖切位置线，宜为 4～6mm。绘制时，剖视剖切符号不应与其他图线相接触；

（2）剖视的剖切符号的编号宜采用粗阿拉伯数字，按剖切顺序由左至右、由下向上连续编排，并应注写在剖视方向线的端部；

（3）需要转折的剖切位置线，应在转角的外侧加注与该符号相同的编号；

（4）建（构）筑物剖面图的剖切符号应注在 ±0.000 标高的平面图或首层平面图上；

（5）局部剖面图（不含首层）的剖切符号应注在包含剖切部位的最下面一层的平面图上。

2. 断面的剖切符号应符合下列规定：

（1）断面的剖切符号应只用剖切位置线表示，并应以粗实线绘制，长度宜为 6～10mm；

（2）断面剖切符号的编号宜采用阿拉伯数字，按顺序连续编排，并应注写在剖切位置线的一侧；编号所在的一侧应为该断面的剖视方向。

3. 剖面图或断面图，当与被剖切图样不在同一张图内，应在剖切位置线的另一侧注明其所在图纸的编号，也可以在图上集中说明。

（二）索引符号

图样中的某一局部或构件，如需另见详图，应以索引符号索引（附图 1-6a）。索引符号是由直径为 8～10mm 的圆和水平直径组成，圆及水平直径应以细实线绘制。索引符号应按下列规定编写：

（1）索引出的详图，如与被索引的详图同在一张图纸内，应在索引符号的上半圆中用阿拉伯数字注明该详图的编号，并在下半圆中间画一段水平细实线（附图 1-6b）；

（2）索引出的详图，如与被索引的详图不在同一张图纸内，应在索引符号的上半圆中用阿拉伯数字注明该详图的编号，在索引符号的下半圆用阿拉伯数字注明该详图所在图纸的编号（附图 1-6c）。数字较多时，可加文字标注；

（3）索引出的详图，如采用标准图，应在索引符号水平直径的延长线上加注该标准图集的编号（附图 1-6d）。需要标注比例时，文字在索引符号右侧或延长线下方，与符号下对齐。

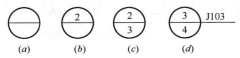

附图 1-6　索引符号

九、定位轴线

1. 定位轴线应用细单点长画线绘制。

2. 定位轴线应编号，编号应注写在轴线端部的圆内。圆应用细实线绘制，直径为 8～10mm。定位轴线圆的圆心应在定位轴线的延长线上或延长线的折线上。

3. 除较复杂需采用分区编号或圆形、折线形外，平面图上定位轴线的编号，宜标注在图样的下方或左侧。横向编号应用阿拉伯数字，从左至右顺序编写；竖向编号应用大写拉丁字母，从下至上顺序编写（附图 1-7）。

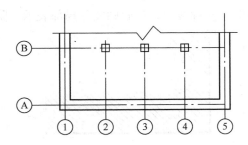

附图 1-7　定位轴线的编号顺序

十、常用建筑材料图例

1. 本标准只规定常用建筑材料的图例画法，对其尺度比例不作具体规定。使用时，应根据图样大小而定，并应符合下列规定：

（1）图例线应间隔均匀、疏密适度，做到图例正确、表示清楚；

（2）不同品种的同类材料使用同一图例时，应在图上附加必要的说明；

（3）两个相同的图例相接时，图例线宜错开或使倾斜方向相反（附图1-8）；

附图 1-8　相同图例相接时的画法

（4）两个相邻的涂黑图例间应留有空隙，其净宽度不得小于 0.5mm（附图1-9）。

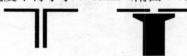

附图 1-9　相邻涂黑图例的画法

2. 下列情况可不加图例，但应加文字说明：

（1）一张图纸内的图样只用一种图例时；

（2）图形较小无法画出建筑材料图例时。

3. 需画出的建筑材料图例面积过大时，可在断面轮廓线内，沿轮廓线作局部表示（附图1-10）。

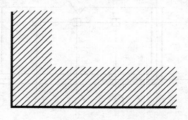

附图 1-10　局部表示图例

4. 当选用本标准中未包括的建筑材料时，可自编图例。但不得与本标准所列的图例重复。绘制时，应在适当位置画出该材料图例，并加以说明。

十一、尺寸标注

1. 图样上的尺寸，应包括尺寸界线、尺寸线、尺寸起止符号和尺寸数字（附图1-11）。

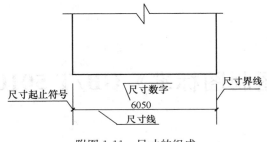

附图 1-11　尺寸的组成

2. 尺寸界线应用细实线绘制，应与被注长度垂直，其一端应离开图样轮廓线不应小于 2mm，另一端宜超出尺寸线 2~3mm。图样轮廓线可用作尺寸界线（附图 1-12）。

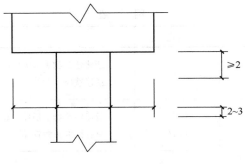

附图 1-12　尺寸界线

3. 尺寸线应用细实线绘制，应与被注长度平行。图样本身的任何图线均不得用作尺寸线。

4. 尺寸起止符号用中粗斜短线绘制，其倾斜方向应与尺寸界线呈顺时针 45°角，长度宜为 2~3mm。半径、直径、角度与弧长的尺寸起止符号，宜用箭头表示。

5. 图样上的尺寸，应以尺寸数字为准，不得从图上直接量取。

6. 图样上的尺寸单位，除标高及总平面以米为单位外，其他必须以毫米为单位。

附录2　《总图制图标准》GB/T 50103—2010 选录

一、基本规定

1. 图线

(1) 图线的宽度 b 应根据图样的复杂程度和比例，按现行国家标准《房屋建筑制图统一标准》GB/T 50001 中图线的有关规定选用。

(2) 总图制图应根据图纸功能，按附表 2-1 规定的线型选用。

图　　线

附表 2-1

名称		线　型	线宽	用　途
实线	粗		b	1. 新建建筑物±0.000 高度可见轮廓线； 2. 新建铁路、管线
	中		0.5b 0.7b	1. 新建构筑物、道路、桥涵、边坡、围墙、运输设施的可见轮廓线； 2. 原有标准轨距铁路
	细		0.25b	1. 新建建筑物±0.000 高度以上的可见建筑物、构筑物轮廓线； 2. 原有建筑物、构筑物，原有窄轨铁路、道路、桥涵、围墙的可见轮廓线； 3. 新建人行道、排水沟、坐标线、尺寸线、等高线
虚线	粗		b	新建建筑物、构筑物地下轮廓线
	中		0.5b	计划预留扩建的建筑物、构筑物、铁路、道路、运输设施、管线、建筑红线及预留用地线
	细		0.25b	原有建筑物、构筑物、管线的地下轮廓线

名称		线　型	线宽	用　途
单点长画线	粗		b	露天矿开采界限
	中		$0.5b$	土方填挖区的零点线
	细		$0.25b$	分水线、中心线、对称线、定位轴线
双点长画线	粗		b	用地红线
	中		$0.7b$	地下开采区塌落界限
	细		$0.5b$	建筑红线
折断线	细		$0.5b$	断线
不规则曲线	细		$0.5b$	新建人工水体轮廓线

注：根据各类图纸所表示的不同重点确定使用不同粗细线型。

2. 比例

（1）总图制图采用的比例宜符合附表 2-2 的规定。

比　例　　　　　　　　　　　　　　　附表 2-2

图　名	比　例
现状图	1：500、1：1000、1：2000
地理交通位置图	1：25000～1：200000
总体规划、总体布置、区域位置图	1：2000、1：5000、1：10000、1：25000、1：50000
总平面图、竖向布置图、管线综合图、土方图、铁路、道路平面图	1：300、1：500、1：1000、1：2000

图 名	比 例
场地园林景观总平面图、场地园林景观竖向布置图、种植总平面图	1：300、1：500、1：1000
铁路、道路纵断面图	垂直：1：100、1：200、1：500 水平：1：1000、1：2000、1：5000
铁路、道路横断面图	1：20、1：50、1：100、1：200
场地断面图	1：100、1：200、1：500、1：1000
详图	1：1、1：2、1：5、1：10、1：20、1：50、1：100、1：200

(2) 一个图样宜选用一种比例，铁路、道路、土方等的纵断面图，可在水平方向和垂直方向选用不同比例。

3. 计量单位

(1) 总图中的坐标、标高、距离以米为单位。坐标以小数点标注三位，不足以 "0" 补齐；标高、距离以小数点后两位数标注，不足以 "0" 补齐。详图可以毫米为单位。

(2) 建筑物、构筑物、铁路、道路方位角（或方向角）和铁路、道路转向角的度数，宜注写到 "秒"，特殊情况应另加说明。

(3) 铁路纵坡度宜以千分计，道路纵坡度、场地平整坡度、排水沟沟底纵坡度宜以百分计，并应取小数点后一位，不足时以 "0" 补齐。

4. 坐标标注

(1) 总图应按上北下南方向绘制。根据场地形状或布局，可向左或右偏转，但不宜超过 45°。总图中应绘制指北针或风玫瑰图（附图 2-1）。

(2) 坐标网格应以细实线表示。测量坐标网应画成交叉十字线，坐标代号宜用 "X、Y" 表示；建筑坐标网应画成网格通线，自设坐标代号宜用 "A、B" 表示（附图 2-1）。坐标值为负数时，应注 "-" 号，为正数时，"+" 号可以省略。

(3) 总平面图上有测量和建筑两种坐标系统时，应在附注中注明两种坐标系统的换算公式。

(4) 表示建筑物、构筑物位置的坐标应根据设计不同阶段要求标注，当建筑物与构筑物与坐标轴线平行时，可注其对角坐标。与坐标轴线呈角度或建筑平面复杂时，宜标注三个以上坐标，坐标宜标注在图纸上。根据工程具体情况，建筑物、构筑物也可用相对尺寸定位。

(5) 在一张图上，主要建筑物、构筑物用坐标定位时，根据工程具体情况也可用相对尺寸定位。

(6) 建筑物、构筑物、铁路、道路、管线等应标注下列部位的坐标或定位尺寸：

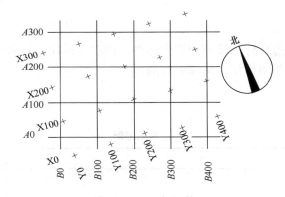

附图 2-1　坐标网格

注：图中 X 为南北方向轴线，X 的增量在 X 轴线上；Y 为东西方向轴线，Y 的增量在 Y
轴线上。A 轴相当于测量坐标网中的 X 轴，B 轴相当于测量坐标网中的 Y 轴。

　　1）建筑物、构筑物的外墙轴线交点；

　　2）圆形建筑物、构筑物的中心；

　　3）皮带走廊的中线或其交点；

　　4）铁路道岔的理论中心，铁路、道路的中线或转折点；

　　5）管线（包括管沟、管架或管桥）的中线交叉点和转折点；

　　6）挡土墙起始点、转折点墙顶外侧边缘（结构面）。

5. 标高注法

（1）建筑物应以接近地面处的±0.000 标高的平面作为总平面。字符平行于建筑长边书写。

（2）总图中标注的标高应为绝对标高，当标注相对标高，则应注明相对标高与绝对标高的换算关系。

（3）建筑物、构筑物、铁路、道路、水池等应按下列规定标注有关部位的标高：

　　1）建筑物标注室内±0.000 处的绝对标高，在一栋建筑物内宜标注一个±0.000 标高，当有不同地坪标高，以相对±0.000 的数值标注；

　　2）建筑物室外散水，标注建筑物四周转角或两对角的散水坡脚处标高；

　　3）构筑物标注其有代表性的标高，并用文字注明标高所指的位置；

4）铁路标注轨顶标高；

5）道路标注路面中心线交点及变坡点标高；

6）挡土墙标注墙顶和墙趾标高，路堤、边坡标注坡顶和坡脚标高，排水沟标注沟顶和沟底标高；

7）场地平整标注其控制位置标高，铺砌场地标注其铺砌面标高。

二、图例

1．总平面图例应符合附表 2-3 的规定。

总平面图例 附表 2-3

序号	名　称	图　例	备　注
1	新建建筑物	 $X=$ $Y=$ ① $12F/2D$ $H=59.00\text{m}$	新建建筑物以粗实线表示与室外地坪相接处±0.000 外墙定位轮廓线。 建筑物一般以±0.000 高度处的外墙定位轴线交叉点坐标定位。轴线用细实线表示，并标明轴线号。 根据不同设计阶段标注建筑编号，地上、地下层数，建筑高度，建筑出入口位置（两种表示方法均可，但同一图纸采用一种表示方法）。 地下建筑物以粗虚线表示其轮廓。 建筑上部（±0.000 以上）外挑建筑用细实线表示。 建筑物上部连廊用细虚线表示并标注位置

序号	名　称	图　例	备　注
2	原有建筑物		用细实线表示
3	计划扩建的预留地或建筑物		用中粗虚线表示
4	拆除的建筑物		用细实线表示
5	建筑物下面的通道		—
6	散状材料露天堆场		需要时可注明材料名称
7	其他材料露天堆场或露天作业场		需要时可注明材料名称

序号	名　　称	图　　例	备　　注
8	铺砌场地	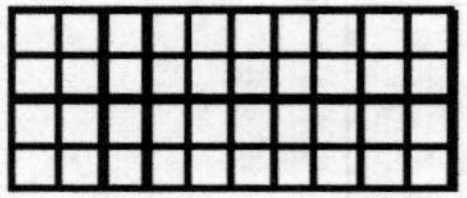	—
9	敞棚或敞廊	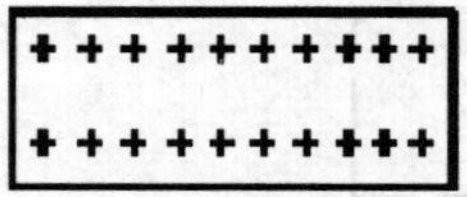	—
10	高架式料仓	 	—
11	漏斗式贮仓	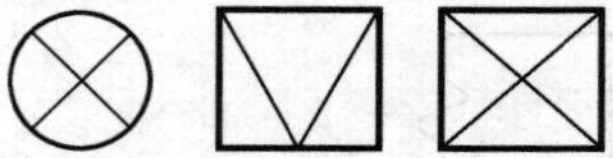	左、右图为底卸式 中图为侧卸式
12	冷却塔（池）		应注明冷却塔或冷却池
13	水塔、贮罐	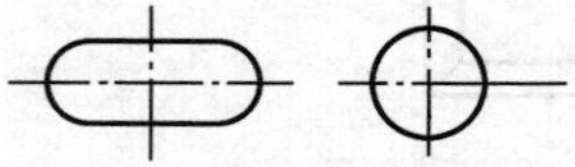	左图为卧式贮罐 右图为水塔或立式贮罐
14	水池、坑槽		也可以不涂黑

序号	名　称	图　例	备　注
15	烟囱		实线为烟囱下部直径，虚线为基础，必要时可注写烟囱高度和上、下口直径
16	围墙及大门		—
17	台阶及无障碍坡道	1. 2.	1. 表示台阶（级数仅为示意） 2. 表示无障碍坡道
18	架空索道		"I"为支架位置
19	斜坡 卷扬机道		—
20	雨水口	1. 2. 3.	1. 雨水口 2. 原有雨水口 3. 双落式雨水口
21	消火栓井		—

79

序号	名　称	图　例	备　注
22	室内地坪标高	151.00 (±0.00)	数字平行于建筑物书写
23	室外地坪标高	▼ 143.00	室外标高也可采用等高线
24	盲道		—
25	地下车库入口		机动车停车场
26	地面露天停车场		—
27	露天机械停车场		露天机械停车场

2. 园林景观绿化应符合附表 2-4 的规定。

园林景观绿化图例　　　　　　　　　　　　　　　　　　　附表 2-4

序号	名　称	图　例	备　注
1	常绿针叶乔木		—

序号	名　称	图　例	备　注
2	落叶针叶乔木		—
3	常绿阔叶乔木		—
4	落叶阔叶乔木		—
5	常绿阔叶灌木		—
6	落叶阔叶灌木		—
7	落叶阔叶乔木林		—
8	常绿阔叶乔木林		—
9	常绿针叶乔木林		—

序号	名　称	图　例	备　注
10	落叶针叶乔木林		—
11	针阔混交林		—
12	落叶灌木林		—
13	整形绿篱		—
14	草坪	1. 2. 3.	1. 草坪 2. 表示自然草坪 3. 表示人工草坪
15	花卉		—

82

序号	名　称	图　例	备　注
16	竹丛		—
17	棕榈植物		—
18	水生植物		—
19	植草砖		—
20	土石假山		包括"土包石"、"石包土"及假山
21	独立景石		—

序号	名　称	图　例	备　注
22	自然水体		河流以箭头表示水流方向
23	人工水体		—
24	喷泉		—

附录3 《建筑制图统一标准》GB/T 50104—2010选录

一、图线

图　线

名称		线　型	线宽	用　途
实线	粗	▬▬▬▬▬	b	1. 平、剖面图中被剖切的主要建筑构造（包括构配件）的轮廓线； 2. 建筑立面图或室内立面图的外轮廓线； 3. 建筑构造详图中被剖切的主要部分的轮廓线； 4. 建筑构配件详图中的外轮廓线； 5. 平、立、剖面的剖切符号
	中粗	▬▬▬▬	$0.7b$	1. 平、剖面图中被剖切的次要建筑构造（包括构配件）的轮廓线； 2. 建筑平、立、剖面图中建筑构配件的轮廓线； 3. 建筑构造详图及建筑构配件详图中的一般轮廓线
	中	▬▬▬▬	$0.5b$	小于0.7b的图形线、尺寸线、尺寸界限、索引符号、标高符号、详图材料做法引出线、粉刷线、保温层线、地面、墙面的高差分界线等
	细	▬▬▬	$0.25b$	图例填充线、家具线、纹样线等
虚线	中粗	▬▬ ▬▬ ▬▬	$0.7b$	1. 建筑构造详图及建筑构配件不可见的轮廓线； 2. 平面图中的起重机（吊车）轮廓线； 3. 拟建、扩建建筑物轮廓线

名称		线　型	线宽	用　途
虚线	中	—　—　—	0.5b	投影线、小于 0.5b 的不可见轮廓线
	细	— — — —	0.25b	图例填充线、家具线等
单点长画线	粗	▬　▬　▬	b	起重机（吊车）轨道线
	细	—　·　—　·	0.25b	中心线、对称线、定位轴线
折断线	细	—〜—	0.25b	部分省略表示时的断开界线
波浪线	细	〜〜	0.25b	部分省略表示时的断开界线，曲线形； 构件断开界限； 构造层次的断开界限

注：地坪线宽可用 1.4b。

二、比例

建筑专业、室内设计专业制图选用的各种比例，宜符合附表 3-2 的规定。

比　例　　　　　　　　　　　　　　　　　　　　　　　　　　附表 3-2

图　名	比　例
建筑物或构筑物的平面图、立面图、剖面图	1：50、1：100、1：150、1：200、1：300
建筑物或构筑物的局部放大图	1：10、1：20、1：25、1：30、1：50
配件及构造详图	1：1、1：2、1：5、1：10、1：15、1：20、1：25、1：30、1：50

三、图样画法

1. 平面图

（1）平面图的方向宜与总图方向一致。平面图的长边宜与横式幅面图纸的长边一致。

（2）在同一张图纸上绘制多于一层的平面图时，各层平面图宜按层数由低向高的顺序从左至右或从下至上布置。

（3）除顶棚平面图外，各种平面图应按正投影法绘制。

（4）建筑物平面图应在建筑物的门窗洞口处水平剖切俯视，屋顶平面图应在屋面以上俯视，图内应包括剖切面及投影方向可见的建筑构造以及必要的尺寸、标高等，表示高窗、洞口、通气孔、槽、地沟及起重机等不可见部分时，应采用虚线绘制。

（5）建筑物平面图应注写房间的名称或编号。编号应注写在直径为 6mm 细实线绘制的圆圈内，并应在同张图纸上列出房间名称表。

（6）平面较大的建筑物，可分区绘制平面图，但每张平面图均应绘制组合示意图。各区应分别用大写拉丁字母编号。在组合示意图中需提示的分区，应采用阴影线或填充的方式表示。

2. 立面图

（1）各种立面图应按正投影法绘制。

（2）建筑立面图应包括投影方向可见的建筑外轮廓线和墙面线脚、构配件、墙面做法及必要的尺寸和标高等。

（3）室内立面图应包括投影方向可见的室内轮廓线和装修构造、门窗、构配件、墙面做法、固定家具、灯具、必要的尺寸和标高及需要表达的非固定家具、灯具、装饰物件等。室内立面图的顶棚轮廓线，可根据具体情况只表达吊平顶或同时表达吊平顶及结构顶棚。

（4）平面形状曲折的建筑物，可绘制展开立面图、展开室内立面图。圆形或多边形平面的建筑物，可分段展开绘制立面图、室内立面图，但均应在图名后加注"展开"二字。

（5）较简单的对称式建筑物或对称的构配件等，在不影响构造处理和施工的情况下，立面图可绘制一半，并应在对称轴线处画对称符号。

（6）在建筑物立面图上，相同的门窗、阳台、外檐装修、构造做法等可在局部重点表示，并应绘出其完整图形，其余部分可只画轮廓线。

（7）在建筑物立面图上，外墙表面分格线应表示清楚。应用文字说明各部位所用面材及色彩。

（8）有定位轴线的建筑物，宜根据两端定位轴线号编注立面图名称。无定位轴线的建筑物可按平面图各面的朝向确定名称。

3. 剖面图

（1）剖面图的剖切部位，应根据图纸的用途或设计深度，在平面图上选择能反映全貌、构造特征以及有代表性的部位剖切。

（2）各种剖面图应按正投影法绘制。

（3）建筑剖面图内应包括剖切面和投影方向可见的建筑构造、构配件以及必要的尺寸、标高等。

（4）剖切符号可用阿拉伯数字、罗马数字或拉丁字母编号。

（5）画室内立面时，相应部位的墙体、楼地面的剖切面宜绘出。

4. 其他规定

（1）指北针应绘制在建筑物±0.000 标高的平面图上，并应放在明显位置，所指的方向应与总图一致。

（2）零配件详图与构造详图，宜按直接正投影法绘制。

（3）零配件外形或局部构造的立体图，宜按现行国家标准《房屋建筑制图统一标准》GB/T 50001 的有关规定绘制。

（4）不同比例的平面图、剖面图，其抹灰层、楼地面、材料图例的省略画法，应符合下列规定：

1）比例大于 1:50 的平面图、剖面图，应画出抹灰层、保温隔热层等与楼地面、屋面的面层线，并宜画出材料图例；

2）比例等于 1:50 的平面图、剖面图，剖面图宜画出楼地面、屋面的面层线，宜绘出保温隔热层，抹灰层的面层线应根据需要确定；

3）比例小于 1:50 的平面图、剖面图，可不画出抹灰层，但剖面图宜画出楼地面、屋面的面层线；

4）比例为 1:100～1:200 的平面图、剖面图，可画简化的材料图例，但剖面图宜画出楼地面、屋面的面层线；

5）比例小于 1:200 的平面图、剖面图，可不画材料图例，剖面图的楼地面、屋面的面层线可不画出。

（5）相邻的立面图或剖面图，宜绘制在同一水平线上，图内相互有关的尺寸及标高，宜标注在同一竖线上。

5. 尺寸标注

（1）尺寸可分为总尺寸、定位尺寸和细部尺寸。绘图时，应根据设计深度和图纸用途确定所需注写的尺寸。

（2）建筑物平面、立面、剖面图，宜标注室内外地坪、楼地面、地下层地面、阳台、平台、檐口、层脊、女儿墙、雨棚、门、窗、台阶等处的标高。平屋面等不易标明建筑标高的部位可标注结构标高，应进行说明。结构找坡的平屋面，屋面标高可标注在结构板面最低点，并注明找坡坡度。有屋架的屋面，应标注屋架下弦搁置点或柱顶标高。有起重机的厂房剖面图应标注轨顶标高、屋架下弦杆件下边缘或屋面梁底、板底标高。梁式悬挂起重机宜标出轨距尺寸，并应以米（m）计。

（3）楼地面、地下层地面、阳台、平台、檐口、屋脊、女儿墙、台阶等处的高度尺寸及标高，宜按下列规定注写：

1）平面图及其详图应注写完成面标高；

2）立面图、剖面图及其详图应注写完成面标高及高度方向的尺寸；

3）其余部分应注写毛面尺寸及标高；

4）标注建筑平面图各部位的定位尺寸时，应注写与其最邻近的轴线间的尺寸；标注建筑剖面各部位的定位尺寸时，应注写其所在层次内的尺寸。

附录4 《建筑结构制图标准》GB/T 50105—2010 选录

一、图线

1. 图线宽度 b 应按现行国家标准《房屋建筑制图统一标准》GB/T 50001 中的有关规定选用。

2. 每个图样应根据复杂程度与比例大小，先选用适当基本线宽度 b，再选用相应的线宽。根据表达内容的层次，基本线宽 b 和线宽比可适当增加或减少。

3. 建筑结构专业制图应选用附表 4-1 所示的图线。

图 线 附表 4-1

名称		线 型	线宽	用 途
实线	粗		b	螺栓、钢筋线、结构平面图中的单线、结构构件线、钢木支撑及系杆线、图名下横线、剖切线
	中粗		$0.7b$	结构平面图及详图中剖到或可见的墙身轮廓线、基础轮廓线、钢、木结构轮廓线、钢筋线
	中		$0.5b$	结构平面图及详图中剖到或可见的墙身轮廓线、基础轮廓线、可见的钢筋混凝土构件轮廓线、钢筋线
	细		$0.25b$	标注引出线、标高符号线、索引符号线、尺寸线
虚线	粗		b	不可见的钢筋线、螺栓线、结构平面图中不可见的单线结构构件线及钢、木、支撑线

名 称		线 型	线宽	用 途
虚线	中粗		0.7b	结构平面图中的不可见构件、墙身轮廓线及不可见钢、木结构构件线、不可见的钢筋线
	中		0.5b	结构平面图中的不可见构件、墙身廓线及不可见钢、木结构构件线、不可见的钢筋线
	细		0.25b	基础平面图中的管沟轮廓线、不可见的钢筋混凝土构件轮廓线
单点长画线	粗		b	柱间支撑、垂直支撑、设备基础轴线图中的中心线
	细		0.25b	定位轴线、对称线、中心线、重心线
双点长画线	粗		b	预应力钢筋线
	细		0.25b	原有结构轮廓线
折断线			0.25b	断开界线
波浪线			0.25b	断开界线

4. 在同一张图纸中，相同比例的各图样，应选用相同的线宽组。

二、比例

1. 绘图时根据图样的用途，被绘物体的复杂程度，应选用附表 4-2 中的常用比例，特殊情况下也可选用可用比例。

比例

附表 4-2

图　名	常用比例	可用比例
结构平面图 基础平面图	1：50、1：100、1：150	1：60、1：200
圈梁平面图、总图中管沟、地下设施等	1：200、1：500	1：300
详图	1：10、1：20、1：50	1：5、1：25、1：30

2. 当构件的纵、横向断面尺寸相差悬殊时，可在同一详图中的纵、横向选用不同的比例绘制。轴线尺寸与构件尺寸也可选用不同的比例绘制。

3. 构件的名称可用代号来表示，代号后应用阿拉伯数字标注该构件的型号或编号，也可为构件的顺序号。构件的顺序号采用不带角标的阿拉伯数字连续编排。

4. 在结构平面图中，构件应采用轮廓线表示，当能用单线表示清楚时，也可用单线表示。定位轴线应与建筑平面图或总平面图一致，并标注结构标高。

5. 在结构平面图中索引的剖视详图、断面详图应采用索引符号表示，其编号顺序宜按附图 4-1 的规定进行编排，并符合下列规定：

(1) 外墙按顺时针方向从左下角开始编号；

(2) 内横墙从左至右，从上至下编号；

(3) 内纵墙从上至下，从左至右编号。

6. 在结构平面图中的索引位置处，粗实线表示剖切位置，引出线所在一侧应为投射方向。

7. 索引符号应由细实线绘制的直径为 8~10mm 的圆和水平直径线组成。

8. 被索引出的详图应以详图符号表示，详图符号的圆应以直径为 14mm 的粗实线绘制。圆内的直径线为细实线。

9. 构件详图的纵向较长，重复较多时，可用折断线断开，适当省略重复部分。

10. 图样的图名和标题栏内的图名应能准确表达图样、图纸构成的内容，做到简练、明确。

11. 图纸上所有的文字、数字和符号等，应字体端正、排列整齐、清楚正确，避免重叠。

12. 图样及说明中的汉字宜采用长仿宋体，图样下的文字高度不宜小于 5mm，说明中的文字高度不宜小于 5mm。

13. 拉丁字母、阿拉伯数字、罗马数字的高度，不应小于 2.5mm。

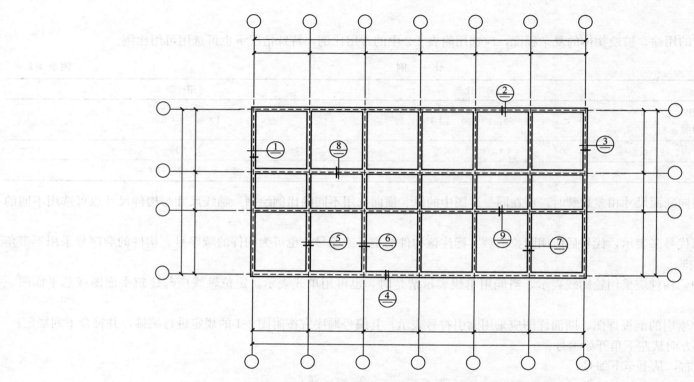

附图 4-1　结构平面图中索引剖视详图、断面详图编号顺序表示方法

参 考 文 献

[1] 危道军，王延该．土木建筑制图习题集［M］．北京：高等教育出版社，2008.

[2] 吴叔琛，楼江明．土木工程识图习题集［M］．北京：高等教育出版社，2010.

[3] 龚碧玲，孟琴．建筑识图与构造习题集［M］．北京：中国地质大学出版社，2013.

[4] 陈希，许劲．建筑识图训练［M］．武汉：中国地质大学出版社，2013.

[5] 张喆，武可娟．建筑制图与识图［M］．北京：北京邮电大学出版社，2014.

[6] 中华人民共和国国家标准．房屋建筑制图统一标准 GB/T 50001—2010［S］．北京：中国建筑工业出版社，2011.

[7] 中华人民共和国国家标准．建筑制图统一标准 GB/T 50104—2010［S］．北京：中国建筑工业出版社，2011.

[8] 中华人民共和国国家标准．总图制图标准 GB/T 50103—2010［S］．北京：中国建筑工业出版社，2011.

[9] 中华人民共和国国家标准．建筑结构制图标准 GB/T 50105—2010［S］．北京：中国建筑工业出版社，2011.